ARENA2036

Reihe herausgegeben von

ARENA2036 e.V.
Stuttgart, Deutschland

Die Buchreihe dokumentiert die Ergebnisse eines ambitionierten Forschungsprojektes im Automobilbau. Ziel des Projekts ist die Entwicklung einer nachhaltigen Industrie 4.0 und die Realisierung eines Technologiewandels, der individuelle Mobilität mit niedrigem Energieverbrauch basierend auf neuartigen Produktionskonzepten realisiert. Den Schlüssel liefern wandlungsfähige Produktionsformen für den intelligenten, funktionsintegrierten, multimaterialen Leichtbau. Nachhaltigkeit, Sicherheit, Komfort, Individualität und Innovation werden als Einheit gedacht. Wissenschaftler verschiedener Disziplinen arbeiten mit Experten und Entscheidungsträgern aus der Wirtschaft auf Augenhöhe zusammen. Gemeinsam arbeiten sie unter einem Dach und entwickeln das Automobil der Zukunft in der Industrie 4.0.

Weitere Bände in dieser Reihe: http://www.springer.com/series/16199

Jörg Dittmann • Peter Middendorf
Hrsg.

Der digitale Prototyp

Ganzheitlicher digitaler Prototyp im Leichtbau für die Großserienproduktion

Springer Vieweg

Hrsg.
Jörg Dittmann
Institut für Flugzeugbau
Universität Stuttgart
Stuttgart, Deutschland

Peter Middendorf
Institut für Flugzeugbau
Universität Stuttgart
Stuttgart, Deutschland

ISSN 2524-7247 ISSN 2524-7255 (electronic)
ARENA2036
ISBN 978-3-662-58956-4 ISBN 978-3-662-58957-1 (eBook)
https://doi.org/10.1007/978-3-662-58957-1

Die Deutsche Nationalbibliothek verzeichnet diese Publikation in der Deutschen Nationalbibliografie; detaillierte bibliografische Daten sind im Internet über http://dnb.d-nb.de abrufbar.

Springer Vieweg

Springer Vieweg ist ein Imprint der eingetragenen Gesellschaft Springer-Verlag GmbH, DE und ist ein Teil von Springer Nature.
Die Anschrift der Gesellschaft ist: Heidelberger Platz 3, 14197 Berlin, Germany

Inhaltsverzeichnis

1 Der Forschungscampus ARENA2036

Jörg Dittmann und Peter Middendorf

Der Forschungscampus ARENA2036 ist ein neuer, langfristiger Projektansatz, der vom deutschen Bundesministerium für Bildung und Forschung (BMBF; Forschungscampus ARENA2036) finanziert wird. Er ist einer der neun großen wissenschaftlichen Campi in Deutschland und ist der einzige, der direkt in die Hauptphase (Phase 1) gestartet ist. Die ARENA2036 befindet sich in Baden-Württemberg (Deutschland), ist seit 2013 Teil der Universität Stuttgart und besitzt seit Dezember 2016 sein eigenes Gebäude auf dem Universitätscampus. ARENA2036 ist ein Akronym für „Active Research Environment for the Next Generation of Automobiles“ und die Datierung 2036 entspricht dem 150. Jahrestag des Automobils. Die ARENA2036 startete 2013 mit vier öffentlich geförderten Startprojekten und hat mittlerweile ca. 90 unterschiedliche – sowohl öffentlich gefördert, als auch drittmittelfinanziert – Projekte initiiert, über 30 unterschiedliche Partner aus Industrie und Forschung und mehr als 100 Mitarbeiter unter ihrem Dach. Das große Ziel der Forschungscampi ist es, die Industrie und die wissenschaftlichen Institute zum gemeinsamen Forschen zu animieren. Forschung soll in einem Gebäude und unter einem Dach praktiziert werden.

Die Förderung der Forschungscampi ist vom BMBF in drei Phasen, von je fünf Jahren unterteilt.

- Phase 1 (2013–2018) – Startprojekte: DigitPro, Leifu, ForschFab, KHoch3
- Phase 2 (2018–2023) – Startprojekte: Digitaler Fingerabdruck, FlexCar, Fluide Produktion, InnoHub
- Phase 3 (2023–2028) – t.b.d.

J. Dittmann (✉) · P. Middendorf
Institut für Flugzeugbau, Universität Stuttgart, Stuttgart, Deutschland
E-Mail: dittmann@ifb.uni-stuttgart.de; middendorf@ifb.uni-stuttgart.de

J. Dittmann, P. Middendorf (Hrsg.), *Der digitale Prototyp*, ARENA2036,
https://doi.org/10.1007/978-3-662-58957-1_1

Während dieser Forschungsphasen werden die Projekte an Plenartreffen, wo alle Partner ihren Forschungsfortschritt vorstellen und Meilensteine beschlossen werden, durch den Projektträger und die Partner evaluiert. Durch diese Evaluierung ist auch bei einer langen Förderung die Qualität der Forschungsinhalte gesichert. Nach Abschluss dieser drei öffentlich geförderten Phasen sollen sich die Forschungscampi selbst finanzieren und durch die Beantragung weiterer Förderprojekte auf dem jeweiligen Universitätscampus etablieren.

Die ARENA2036 startete mit den Projekten DigitPro (Ganzheitlicher digitaler Prototyp im Leichtbau für die Großserienproduktion), LeiFu (Intelligenter Leichtbau durch Funktionsintegration), ForschFab (Forschungsfabrik: Produktion der Zukunft) und KHoch3 (Kreativität-Kooperation-Kompetenz Transfer) in die erste Förderphase. Hierbei beschäftigt sich das Projekt DigitPro mit der digitalen Herstellungsprozesskette und versucht, den Transfer der Simulationsdaten zwischen den einzelnen Simulationsprogrammen zu erleichtern. Zwei weitere Hauptziele sind die Reduzierung der Entwicklungszeit eines Zielbauteils um 50 % und die Reduzierung des Gewichts um 10 %. Das Projekt Leifu versucht durch die Integration von unterschiedlichen Funktionen (Klimatisierung, elektrisches Laden, etc.) und Sensoren, Bauteile im Automobil der Zukunft intelligenter und multifunktionaler zu gestalten und dadurch die höheren Produktionskosten der Leichtbaumaterialien zu nivellieren. Das Projekt ForschFab befasst sich mit der Struktur und dem Aufbau neuartiger Produktionsfabriken. Hierbei steht der Fokus auf mobilen Fertigungsstätten, adaptiven Materialflüssen und automatisierten Produktionsabläufen. Um die unterschiedlichen Forschungswelten, der Industrie und der Institute, bestmöglich miteinander zu verschmelzen, Kommunikationsprobleme und Missverständnisse vorzubeugen, wurde das Projekt KHoch3, als viertes nicht-technisches Startprojekt, ins Leben gerufen. Ziel von KHoch3 war es die unterschiedlichen Kommunikationsansätze und Arbeitsweisen zu analysieren und Empfehlungen, Lösungsansätze und Workshops den Partnern zur Verfügung zu stellen, um Kommunikationsprobleme erst gar nicht entstehen zu lassen.

Der Digitale Prototyp

2

Jörg Dittmann und Peter Middendorf

Das Projekt DigitPro – „Ganzheitlicher digitaler Prototyp im Leichtbau für die Großserienproduktion" wurde im Rahmen der ARENA2036 als eines der ersten Startprojekte des neuen Forschungscampus ins Leben gerufen. Das Projekt startete im Juli 2013 und endete im Juni 2018.

Der Digitale Prototyp stellt das Bindeglied zwischen klassischen Ingenieurstätigkeiten und der Industrie 4.0 dar. Bauteilauslegungen und Prozesssimulationen werden vor der realen Fertigung durchgeführt und optimiert. Dies führt zu kürzeren Entwicklungszeiten und schont Ressourcen. Eine integrierte CAM-Schnittstelle ermöglicht den Datenübertrag an ausführende Produktionseinheiten wie Roboter, Flechtmaschinen oder Injektionspressen. Zusätzlich dient der Digitale Prototyp als Fertigungsprotokoll in dem alle anfallenden Daten erhoben und für spätere Optimierungsschleifen oder Qualitätssicherungsmaßnahmen (QSM) abgespeichert werden können.

Hierbei werden die notwendigen Schritte zur Realisierung eines Digitalen Prototyps, aufgezeigt, sowie Forschungsergebnisse der einzelnen Disziplinen (virtuelle Materialmodellierung, Prozesssimulation, Validierung und CAM-Schnittstelle) im Detail erläutert.

Fünf Partner (Daimler AG, DYNAmore GmbH, DITF Denkendorf, DLR BK Stuttgart, Universität Stuttgart-Institut für Flugzeugbau) formten ein Konsortium, welches sich zur Aufgabe machte die Digitalisierung in der Prozesstechnik/-Simulation zu etablieren. Hierbei engagierten sich das Institut für Flugzeugbau im Bereich der technischen Flechttechnik, Infiltration und CAM-Schnittstelle, das ITV Denkendorf im Bereich der Open-Reed-Web-Technik, die Daimler AG im Bereich der statischen & dynamischen Auslegung von CFK-Bauteilen, das DLR BK Stuttgart im virtuellen & experimentellen Testen der Strukturen und die DYNAmore GmbH im Bereich der Datenstrukturen und Datenweitergabe. Die

J. Dittmann (✉) · P. Middendorf
Institut für Flugzeugbau, Universität Stuttgart, Stuttgart, Deutschland
E-Mail: dittmann@ifb.uni-stuttgart.de; middendorf@ifb.uni-stuttgart.de

J. Dittmann, P. Middendorf (Hrsg.), *Der digitale Prototyp*, ARENA2036,
https://doi.org/10.1007/978-3-662-58957-1_2

CAM-Schnittstelle und das HDF5-Format dienten zusätzlich als Aufsetzer für den Projektantrag der 2. Phase (Projekt Digitaler Fingerabdruck). Hier wurde das Potenzial erkannt und für neue Fertigungstechnologien erweitert.

Hauptziele des Digitalen Prototyps waren:

- Erweiterung der Prozesskette auf Computer Aided Manufacturing (CAM) und die Einbindung in ein neuartiges Konzept eines digitalen Prototyps
- Die Nutzung der Fertigungssimulation zur Steuerung der Fertigungsprozesse mit Validierung an zwei Beispielen:
  - Flechten von Hohlbauteilen
  - Herstellung von lastpfadoptimierten Geweben als flächige Halbzeuge mit der Multiaxialwebtechnologie Open Reed Weaving (ORW)
- Die Datenrückführung aller Prozessparameter in den digitalen Prototyp und die Möglichkeit zur
- Optimierung des Bauteils mit lastflussgerechtem und crashtauglichem Design unter Berücksichtigung der spezifischen Fertigungsrestriktionen.

Da am Anfang noch kein Gebäude zur Verfügung stand bzw. noch nicht fertiggestellt war, fanden die regelmäßigen Arbeitsmeetings in Gebäuden der Universität Stuttgart statt. Die Nähe dieser Gebäude zu den Partnerunternehmen begünstigte die Projektmeetings, da Details für die Simulation direkt an der Flechtmaschine mit den Partnern besprochen werden konnten und Roboterplanungen direkt getestet wurden. Für den späteren Demonstratoraufbau wurden weiterhin die Ressourcen der Universität genutzt, da hierfür das Infiltrationslabor, dessen Ausstattung und die Montage-Freiflächen verwendet wurden. Die vorläufige Einquartierung in universitären Gebäuden hatte keinen Einfluss auf die Teilnahme an Meetings oder den wissenschaftlichen Fortschritt innerhalb des Projektes, jedoch wurde der Großteil der Mitarbeiter, durch fehlende Räumlichkeiten daran gehindert den Forschungscampus als solches zu leben und jeden Tag darin zu arbeiten. Der Umzug im Dezember 2016 in das neue ARENA2036-Gebäude verbesserte diesen Sachverhalt und mit jedem Tag kamen mehr und mehr Mitarbeiter hinzu, welche ihren Hauptarbeitsplatz in die ARENA2036 verlegten. Das Ziel war, bereits recht früh Motivation und Engagement zu zeigen und mit vor Ort sitzenden Mitarbeitern in der ARENA2036 in Vollzeit zu arbeiten. Dieses Vorhaben konnte umgesetzt und mit dem Umzug in das neue Gebäude realisiert werden.

2.1 Die digitale Prozesskette

Die Möglichkeit, aus textilen Halbzeugen hochintegrative, strukturelle Bauteile herstellen zu können, erfordert zugleich Werkzeuge, die eine Simulation solch komplexer Strukturen erlauben. Dies ist extrem wichtig, da hinter Entwicklungen von Leichtbaufaserverbundstrukturen vor allem im Automobilbau geringe Entwicklungszeiten und hoher Kostendruck stehen. Der Anspruch an die Simulation von Faserverbundstrukturen ist dabei nicht geringer als bei Metallstrukturen. Faserverbundstrukturen sind jedoch, anders als Metalle, anisotrope Werkstoffe, deren Eigenschaften maßgeblich durch den textilen Lagenaufbau und den Fertigungsprozess geprägt werden. Einzelne Fertigungsschritte können die Struktur derart verändern, dass ihre Einflüsse auf die Struktureigenschaften im Auslegungsprozess berücksichtigt werden müssen. Zahlreiche Prozessparameter können über Qualität, Herstellbarkeit und Kosten entscheiden.

In den letzten zwei Dekaden sind Simulationstechniken auf Basis der Finite-Elemente-Methode für unterschiedliche Fertigungsprozesse entwickelt und zum Teil gekoppelt worden. Der Ansatz dabei ist, eine geschlossene Simulationsprozesskette zu etablieren, die ausgehend von der Ermittlung von Werkstoffkennwerten über Prozessschritte wie Drapieren, Flechten und Harzinfusion den Auslegungs- und Fertigungsprozess unterstützt.

Eine große Bedeutung erhält die Simulationsprozesskette im Hinblick auf Entwicklungszeiten und Kostenabschätzungen von Bauteilen. Die Simulation der Fertigungsprozesse von Faserverbundstrukturen ist bei der Planung von Werkzeugen und Prozessschritten für die Großserienproduktion nicht mehr wegzudenken.

Allerdings existierte am Anfang des Projektes keine Prozesskette, welche die ambitionierten Anforderungen und Ziele erfüllen konnte. Diese Ziele waren vor allem die Durchgängigkeit der Daten, der einfache Datenzugang für alle Projektpartner, die Verknüpfung der unterschiedlichen Simulationsprogramme und eine Dokumentation aller Prozessschritte um eine Nachvollziehbarkeit bei der Entwicklung zu ermöglichen. Dies soll nachfolgend anhand der ausgewählten Prozesse dargelegt werden. Zudem werden die Herausforderungen an die Werkstoffcharakterisierung und eine neue CAM-Schnittstelle zur realen Fertigung des Umflechtprozesses, beschrieben.

2.2 Bedeutung für die Industrie 4.0

Die zunehmende Digitalisierung unseres Lebens macht auch vor der Industrie und der Entwicklung neuer Ideen keinen Halt. Wurden in den 80er-Jahren einfache 2D Simulationen zur statischen Auslegung von Bauteilen verwendet. Verwendet werden nun die kompletten Produktionsschritte von der Materialauswahl hin zu hochkomplexen Fertigungstechnologien abgebildet und diese direkt mit der realen Fertigung verschaltet. Langwierige, monotone und gefährliche Produktionsschritte werden automatisiert und an Roboter ausgelagert. Der Mensch bekommt eine neue Rolle in der Produktion der Zukunft. Er observiert, plant und kontrolliert Produktionsschritte virtuell und lässt die eigentliche Fertigung von Robotern ausführen.

Im Digitalen Prototyp werden schon heute alle Geometriedaten und Simulationsergebnisse (statische Auslegung, Prozesssimulationen, Optimierung, etc.) eines Bauteils bzw. einer Baugruppe gespeichert [1]. Dadurch wird die Entwicklungshistorie eines Bauteils transparenter und Simulationsdaten gehen nicht verloren. Hierzu werden einzelne Simulationsergebnisse in Unterkategorien gespeichert und mit Zeitstempel, Versionsnummer und

Benutzerinformation versehen. Ein in DigitPro entwickeltes Programm erlaubt es Daten im Digitalen Prototyp abzulegen, zu extrahieren oder Ergebnisse von einem Simulationsprogramm, durch Mapping einem anderen Programm zur Verfügung zu stellen. Dies beschleunigt den Datentransfer, wie er in jedem Unternehmen auftritt und verbessert die Nachverfolgung.

In Zukunft können auch nachträglich alle Prozessparameter, die in der Fertigung aufgetreten sind, nachverfolgt und bewertet werden. Hierzu werden im Bauteil Sensoren integriert, welche zum Beispiel Heizraten, Transportbeschleunigungen und Lagerzeiten messen und diese im Digitalen Prototyp ablegen. Hierdurch werden Qualitätskontrollen erleichtert und eine Ausmusterung defekter Bauteile beschleunigt. Das Nachfolgeprojekt, Digitaler Fingerabdruck, wird hier neue Maßstäbe setzen und sogar die Verwertung von In-Servicedaten mit einbinden.

Das Schlagwort Industrie 4.0 wurde durch die stetige Vernetzung neuer Technologien in der Produktion geprägt und bezeichnet die 4. technologiegetriebene Revolution. Waren bislang der Einsatz von Elektronik und intelligenten Computersystemen für einen hohen Grad an Automatisierung verantwortlich, so ermöglichen intelligente Objekte und das Internet der Dinge (IOT) heute die marktseitig zunehmend geforderte Individualisierung [2].

Produktionsvorgänge werden in Zukunft nicht mehr bis ins letzte Detail an bestimmten Standorten festgeschrieben sein. Bauteile, Material und Fertigungsstationen finden sich in der Fabrik der Zukunft von alleine und bewegen sich mit Hilfe von mobilen Transportern, die sie selbst anfordern, zur nächsten Fertigungsstation weiter.

Dies ermöglicht eine flexiblere Produktion, mit der langwierige Umbauten der Fabriken entfallen und so schneller auf Bedürfnisse der Zulieferer, Hersteller und Kunden eingegangen werden kann. Eine Personalisierung des Produkts ist so einfacher umzusetzen und die große Anzahl an verschiedenen Derivaten kann einfacher gehandhabt werden.

Literatur

1. Prozesssimulation als Basis der Industrie 4.0(2016). In: Lightweight Design 6, Springer
2. Handbuch Industrie 4.0, Gunther Reinhart, Carls Hanser, München 2017, ISBN: 978-3-446-44642-7

Materialmodellierung und virtuelles Testen 3

Mathieu Vinot, Martin Holzapfel und Nathalie Toso

Textilbasierte Verbundwerkstoffe wie Gewebe oder Geflechte zeichnen sich durch ihre komplexe Faserbündelarchitektur aus und erfordern für die Materialcharakterisierung einen hohen experimentellen Aufwand. Die Fertigungsrandbedingungen spielen dabei eine maßgebende Rolle und beeinflussen direkt die Faserarchitektur, welche eine Rückwirkung auf die Materialkennwerte hat. Zum Beispiel nehmen die Kennwerte außerhalb der Ebene bei erhöhter Faserwelligkeit auf Kosten von reduzierten intralaminaren Kennwerten zu. Ein Verständnis dieser komplexen Zusammenhänge kann insofern hauptsächlich durch numerische Untersuchungen gewonnen werden. In DigitPro wird ein numerischer Ansatz zur virtuellen Ermittlung der Materialeigenschaften auf mesoskopischer Ebene entwickelt, auf welchem die Textilarchitektur detailliert abgebildet und mit Finite-Elemente-Methoden simuliert wird. Anhand von Beispielen werden die Vorteile solcher Simulationsmethodiken in den nächsten Abschnitten erläutert.

3.1 Modellierung der Textilarchitektur unter Berücksichtigung von Fertigungsrandbedingungen

In diesem Kapitel wird die Modellierung unterschiedlicher textiler Fasermaterialien auf unterschiedlichen Skalen und deren Übertrag auf die Struktursimulation im Detail erläutert. Ziel dabei ist es, die Faserarchitektur so genau wie möglich abzubilden um ein realistisches Verhalten während der Belastung vorherzusagen.

M. Vinot (✉) · M. Holzapfel · N. Toso
Deutsches Zentrum für Luft- und Raumfahrt e.V., Institut für Bauweisen und Strukturtechnologie, Stuttgart, Deutschland
E-Mail: mathieu.vinot@dlr.de; martin.holzapfel@dlr.de; Nathalie.toso@dlr.de

J. Dittmann, P. Middendorf (Hrsg.), *Der digitale Prototyp*, ARENA2036,
https://doi.org/10.1007/978-3-662-58957-1_3

3.1.1 Vorgehensweise und Prinzip der Einheitszelle

Für die Generierung der Textilarchitektur wird die quelloffene Software TexGen® verwendet [1]. Die Faserbündel werden durch eine Punktwolke abgebildet, welche den Punktkoordinaten einer B-Spline entspricht. Für gewobene bzw. geflochtene Textilien werden die Punktkoordinaten mit analytischen Formeln aus [2] berechnet. Unter Eingabe einer Querschnittsgeometrie wird die dreidimensionale Geometrie der Faserbündel generiert (Abb. 3.1) und automatisch mit Tetraeder-Elementen vernetzt. Im realen Textil sind die unterschiedlichen Lagen nicht direkt aufeinander, sondern mit einem Versatz gestapelt. Dieser Versatz führt zum sogenannten Verdichtungseffekt (engl. nesting), durch welches die Anzahl und Größe der reinen Matrixzonen (Reinharzgebiete) im infiltrierten Textil reduziert und der Faservolumengehalt erhöht werden. Dieser Effekt wird im numerischen Modell abgebildet, indem die Lagen stochastisch in der Ebene versetzt werden. Die Verdichtung wird mit dem Nesting-Faktor η gemessen (Gl. 3.1).

$$\eta = \frac{Anzahl\,der\,Lagen \cdot Dicke\ einerEinzellage}{Dicke\,des\,Laminats} \tag{3.1}$$

Aus diesem Schritt entsteht das virtuelle, ideale Textil, welches im nächsten Schritt bearbeitet wird. Damit die Fertigungseinflüsse berücksichtigt werden, wird im Fall von Geflechten die Fadenbreite in Abhängigkeit von Fertigungsparametern, wie dem Kerndurchmesser D, der Spulenanzahl η und der Flechtwinkel θ berechnet (Gl. 3.2). Die Dicke des Faserbündels resultiert aus der Anzahl der Filamente und ist umgekehrt proportional zur Faserbündelbreite. Abb. 3.2 zeigt das experimentell bestimmte Prozessfenster und die entsprechenden numerisch erzeugten Geflechtarchitekturen. In beiden Fällen führt eine Erhöhung des Flechtwinkels, bzw. eine Abnahme des Kerndurchmessers zu erhöhter Kompaktierung des Geflechts in der Ebene. Bei großen Kerndurchmessern und kleinen Flechtwinkeln reduziert sich der Bedeckungsgrad im Geflecht und Reinharzgebiete entstehen im Laminat.

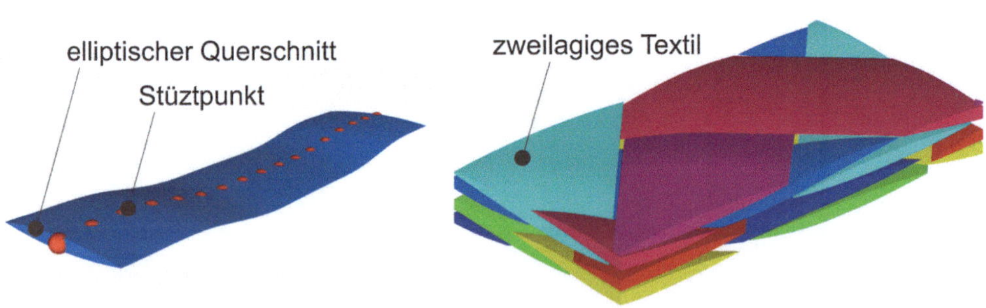

Abb. 3.1 Generierung der Faserbündelgeometrie mit der Software TexGen®

$$b_{Flechtfaden} = \frac{2\pi D}{n}\cos(\theta) \qquad (3.2)$$

Die gewobenen und geflochtenen Textilien können durch eine sogenannte Einheitszelle (oder Elementarzelle) repräsentiert werden, welche die Geometrie und Materialeigenschaften des ganzen Textils abbildet. Durch die Duplizierung dieser Zelle, können größere Bereiche bzw. ganze Probekörper modelliert werden. Der Vorteil dieses Prinzips liegt in der Reduzierung der Rechenzeiten durch die Begrenzung der zu berechnenden Freiheitsgrade. Die in den folgenden Abschnitten dokumentierten Simulationen basieren auf dem Elementarzellenprinzip unter Anwendung von periodischen Randbedingungen [3].

In dieser Arbeit werden biaxial und triaxial geflochtene Textilien mit einem Flechtwinkel von 30°, 45° und 60°, als auch gewobene Textilien und sogenannte ORW-Textilien mit Verstärkungswinkeln von 24° und 42° numerisch untersucht. Diese Textilien werden in der realen Fertigung für die Zielbauteile verwendet. Für die Geflechte wird ein äquivalenter Kerndurchmesser von 65 mm im Modellierungsalgorithmus eingegeben, welcher dem Umfang des Zielbauteils entspricht, wie in Abb. 3.3 dargestellt.

Die untersuchten Textilien sind in Abb. 3.4 mit Informationen zum Flecht- oder Verstärkungswinkel θ, zur Wandstärke des Verbundlaminats d und zum Faservolumengehalt ϕ abgebildet. Für die Geflechte bzw. für die Gewebe werden jeweils STS40 24k Kohlenstofffaserbündel in Kombination mit dem Epoxidharz Baxxodur ER3400 bzw. 6k JM086 Glasfaserbündel verwendet.

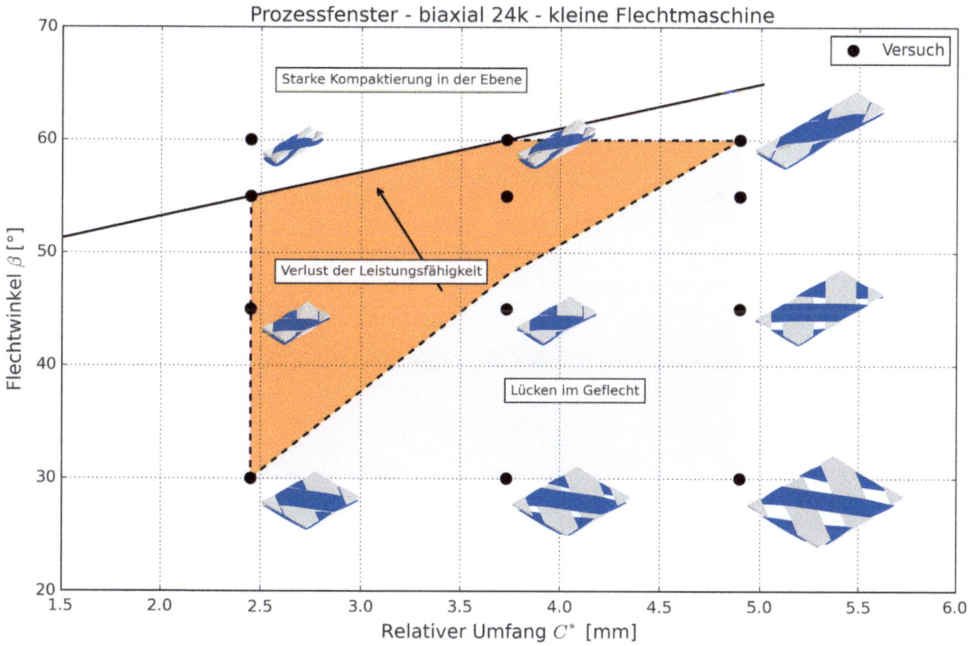

Abb. 3.2 Virtuelles und experimentelles Prozessfenster für biaxiale Geflechte

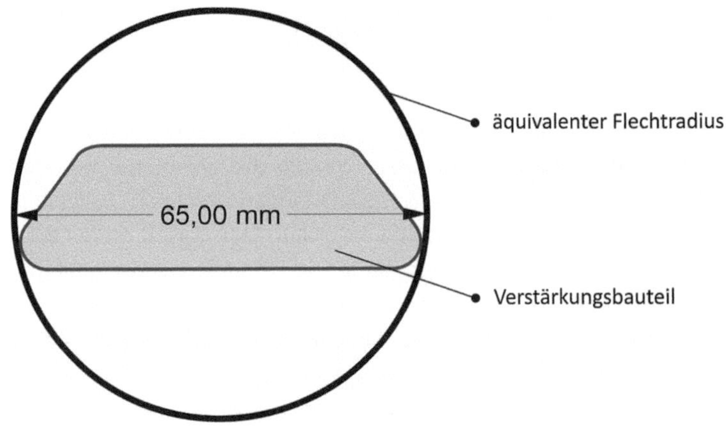

Abb. 3.3 Geometrie des Verstärkungsbauteils und äquivalenter Flechtradius

3.2 Simulation des Kompaktierungsvorganges

Im realen Fertigungsprozess wird das Textil unter Vakuum in einer zweiteiligen Infiltrationsform infiltriert. Dadurch wird das Textil in Dickenrichtung kompaktiert und die unterschiedlichen Lagen miteinander verschachtelt. In der virtuellen Simulation wird das Textil zwischen zwei starren Platten bis zur Erreichung des gewünschten Faservolumengehalts kompaktiert. Dieser Schritt ermöglicht eine deutliche Verbesserung des Verschachtelungsgrads des Textils. Wichtiger Punkt dieser Simulation ist die korrekte Abbildung des Verhaltens von trockenen Faserbündeln. Dieses wird mit einem orthotropen Materialmodell beschrieben, welches den Volumenverlust berücksichtigt und eine realistische Abflachung und Ausbreitung des Faserbündels ermöglicht. In LS-DYNA werden die Materialkennwerte in Tab. 3.1 im Zusammenhang mit dem Materialmodell MAT_054 verwendet.

Abb. 3.5 zeigt die Entwicklung der Kompaktierungskraft und des Faservolumengehalts während der Kompaktierungssimulation am Beispiel eines biaxialen Geflechts. Mit zunehmendem Kompaktierungsgrad steigt die benötigte Kraft, um das Textil weiter zu kompaktieren. In der Simulation konnte der Faservolumengehalt von 38 % bis auf 63 % (experimentell gemessener Wert von 65 %) erhöht werden. Die Validierung der erzeugten Textilgeometrie mit Hilfe von CT-Scans wurde in [5] dokumentiert.

Das Modell des kompaktierten Textils wird in einem letzten Schritt bearbeitet und die Vernetzung der Matrix mit booleschen Operationen generiert.

3.3 Ermittlung der Laminateigenschaften für die Struktursimulation

In diesem Kapitel wird die Ermittlung der textilen Laminateigenschaften durch die Simulation der unterschiedlichen Faser-/Matrixkombinationen aufgezeigt.

	Textiltyp	θ [°]	d [mm]	ϕ [-]
	biaxiales Geflecht	30	0.79	0.63
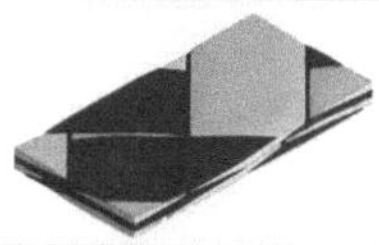	biaxiales Geflecht	45	1.10	0.60
	biaxiales Geflecht	60	1.70	0.57
	triaxiales Geflecht	30	1.39	0.56
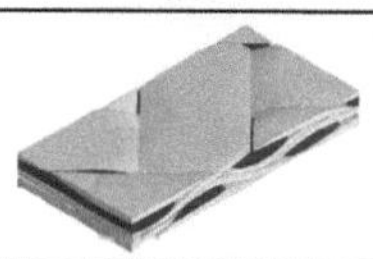	triaxiales Geflecht	45	1.70	0.59
	triaxiales Geflecht	60	2.52	0.52
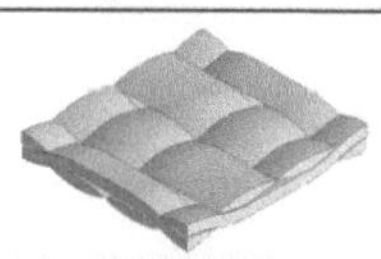	Gewebe	-	0.62	0.52
	ORW	24	0.76	0.45
	ORW	42	0.84	0.43

Abb. 3.4 Übersicht der untersuchten Textilien in der virtuellen Materialcharakterisierung

Tab. 3.1 Mechanische Kennwerte für die Beschreibung eines trockenen Faserbündels [4]

ρ [kg/mm³]	E_a [GPa]	E_b [GPa]	E_c [GPa]	ν_{ba} [−]	ν_{ca} [−]	ν_{bc} [−]	G_{ab} [GPa]	G_{bc} [GPa]	G_{ca} [GPa]
$1{,}0e^{-6}$	240	$2{,}4e^{-1}$	$2{,}4e^{-1}$	0	0	0,5	$2{,}4e^{-1}$	$8{,}0e^{-2}$	$2{,}4e^{-1}$

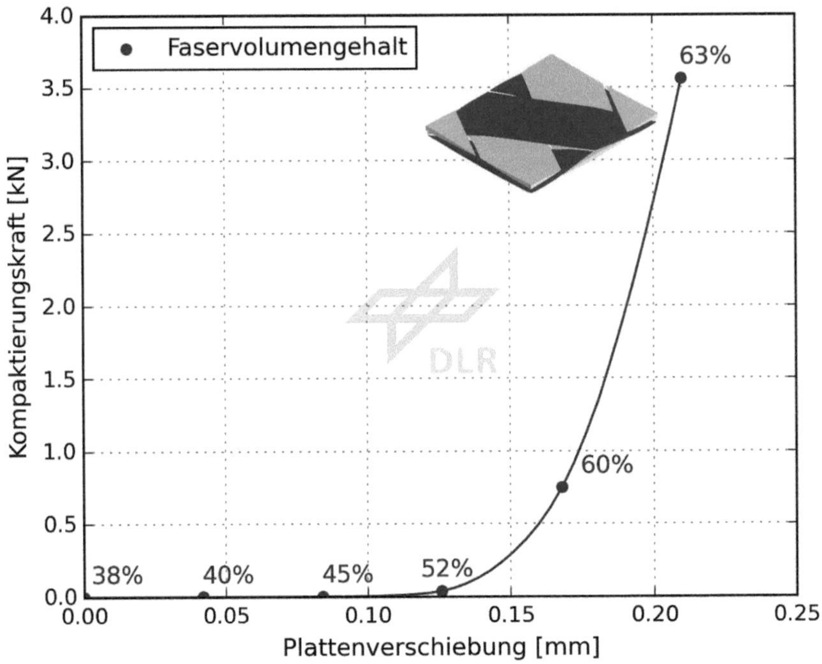

Abb. 3.5 Evolution der Reaktionskraft und des Faservolumengehalts im Laufe des virtuellen Kompaktierungsvorgangs von einem geflochtenen Textil

3.3.1 Materialeigenschaften der untersuchten Faser-/Matrix-Systeme

Im vorherigen Schritt wurde die komplexe Faserbündelarchitektur im textilbasierten Verbundlaminat numerisch abgebildet. Eine virtuelle Ermittlung der Materialkennwerte erfordert zusätzliche Materialmodelle, welche die Versagensmechanismen in den Faserbündeln und in der Matrix abbilden können. Nach Untersuchung der verfügbaren Materialmodelle in LS-DYNA, wurden das MAT_261 [6] und das MAT_187 [7] jeweils zur Abbildung des Faserbündel -bzw. Matrixverhaltens ausgewählt.

MAT_261_LAMINATED_FRACTURE_DAIMLER_PINHO ist ein physikalisches, orthotropes Materialmodell, welches die Versagensenveloppe in vier Bereiche unterteilt. Unter axialem Zug ist das Material faserdominiert und verhält sich linear elastisch bis zum Bruch. Das Versagenskriterium unter axialem Druck berücksichtigt den Einfluss der Bruchebene, welche zur Instabilität und zum Ausknicken des Faserbündels führen kann. Das Druckverhalten ist von den Matrixeigenschaften unter Schub dominiert. Die unterschiedlichen Versagenskriterien sind ausführlich in [6] dokumentiert.

Nach dem Erreichen einer dieser Versagenskriterien werden die betroffenen Elemente beschädigt und die Spannungen um einen belastungsabhängigen Faktor d reduziert. Die Zunahme dieses Faktors basiert auf den Energiefreisetzungsraten ENA, ENKINK, ENB, ENT und ENL, jeweils für den Längszug, den Längsdruck, den Querzug, den Querdruck und den Schub. Eine Abhängigkeit dieser Faktoren zur Netzfeinheit wird im MAT_261 automatisch betrachtet.

MAT_187_SAMP-1 wurde für die Beschreibung von elasto-plastischen Polymeren entwickelt. Unter Eingabe von bis zu drei experimentellen Kurven unter Zug-, Druck- und Schubbelastung werden die Parameter A_0, A_1 und A_2 der Fließfläche (Gl. 3.3) bestimmt. Zur realistischen Abbildung des Polymerverhaltens sind die drei experimentellen Kurven erforderlich. Unter Eingabe von einer oder zwei experimentellen Kurven werden die Theorien von Von-Mises und Druck-Prager zur Beschreibung der Fließfläche verwendet (Abb. 3.6).

$$f = \sigma_{VM}^2 - A_0 - A_1 p - A_2 p^2 \leq 0 \tag{3.3}$$

$$\sigma_{VM} = \sqrt{\frac{3}{2}\left(\left(\sigma_{xx} + p\right)^2 + \left(\sigma_{yy} + p\right)^2 + \left(\sigma_{zz} + p\right)^2 + 2\sigma_{xy}^2 + 2\sigma_{yz}^2 + 2\sigma_{zx}^2\right)} \tag{3.4}$$

$$p = -\frac{\sigma_{xx} + \sigma_{yy} + \sigma_{zz}}{3} \tag{3.5}$$

Die Materialparameter für diese zwei Materialkarten sind in Tab. 3.2, 3.3 und 3.4 dokumentiert, wobei die Kennwerte für die Faserbündel mit der Mischungsregel aus den Herstellerkenndaten für einen Faservolumengehalt von 75 % berechnet wurden. Im Materialmodell MAT_187 sind zwei Spannungs-Dehnungskurven für die Zug- und Druckbelastung hinterlegt, welche an experimentellen Zug- und Druckversuchen ermittelt wurden.

Die Anbindung zwischen den Faserbündeln und der Matrix wird durch einen TIEBREAK-Kontakt mit der Option 9 in LS-DYNA modelliert. Im intakten Zustand sind Faserbündel und Matrix perfekt angebunden. Der Kontakt versagt, wenn eine der Kontaktfestigkeiten

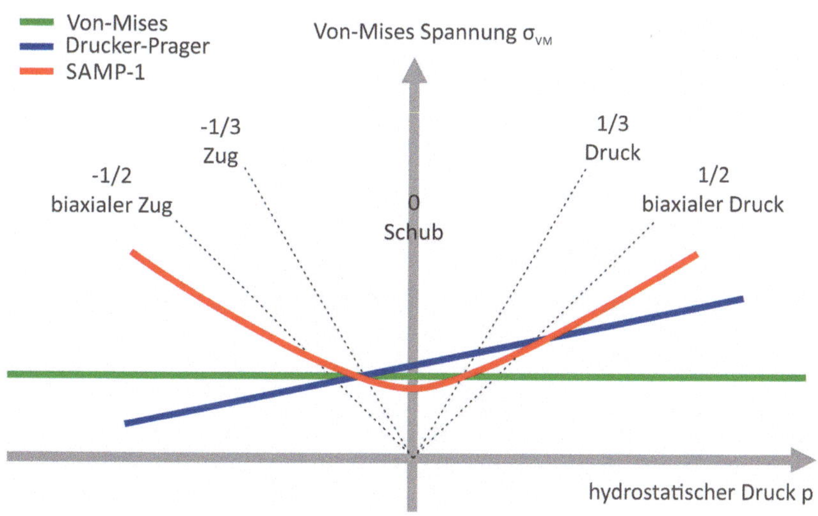

Abb. 3.6 Fließflächen nach Von Mises, Drucker-Prager und SAMP-1 [8]

Tab. 3.2 Mechanische Kennwerte zur Bedatung des MAT_261 für die Abbildung des Verhaltens von Kohlenstofffaserbündeln für einen Faservolumengehalt von 75 %

ρ [kg/mm³]	E_a [GPa]	E_b [GPa]	E_c [GPa]	ν_{ba} [–]	ν_{ca} [–]	ν_{bc} [–]	G_{ab} [GPa]	G_{bc} [GPa]	G_{ca} [GPa]
$1{,}6e^{-6}$	180	12,9	12,9	0,025	0,025	0,508	6,1	4,0	6,1
ENKINK [kN/mm]	ENA [kN/mm]	ENB [kN/mm]	ENT [kN/mm]	ENL [kN/mm]	X_c [GPa]	X_t [GPa]	Y_c [GPa]	Y_t [GPa]	S_l [GPa]
0,15	0,15	$2{,}0e^{-4}$	$2{,}0e^{-4}$	$5{,}0e^{-4}$	1,88	3,00	0,242	0,062	0,062

Tab. 3.3 Mechanische Kennwerte zur Bedatung des MAT_261 für die Abbildung des Verhaltens von Glasfaserbündeln für einen Faservolumengehalt von 75 %

ρ [kg/mm³]	E_a [GPa]	E_b [GPa]	E_c [GPa]	ν_{ba} [–]	ν_{ca} [–]	ν_{bc} [–]	G_{ab} [GPa]	G_{bc} [GPa]	G_{ca} [GPa]
$2{,}6e^{-6}$	53	17,0	17,0	0,081	0,081	0,322	6,4	6,4	6,4
ENKINK [kN/mm]	ENA [kN/mm]	ENB [kN/mm]	ENT [kN/mm]	ENL [kN/mm]	X_c [GPa]	X_t [GPa]	Y_c [GPa]	Y_t [GPa]	S_l [GPa]
0,14	0,13	$1{,}0e^{-3}$	$1{,}0e^{-3}$	$2{,}5e^{-3}$	1,60	2,55	0,240	0,062	0,062

Tab. 3.4 Mechanische Kennwerte zur Bedatung des MAT_187 für die Abbildung des Matrixverhaltens

ρ [kg/mm³]	BULK [GPa]	GMOD [GPa]	EMOD [GPa]	ν [–]	EPFAIL [–]
$1{,}1e^{-6}$	2,10	1,06	2,78	0,28	0,074

erreicht wird, wodurch die entsprechende relative Bewegung parallel oder quer zur Kontaktebene zugelassen wird. Parameter aus der Literatur wurden in dieser Arbeit als Startwerte für eine Sensitivitätsanalyse benutzt [6]. Die Ergebnisse dieser Analyse sind in Tab. 3.5 dokumentiert.

Zur virtuellen Charakterisierung der geflochtenen und gewobenen Materialien werden Einheitszellen unter Längszug, Querzug, Längsdruck, Querdruck und Schub belastet. Die Methodik wurde an einer biaxial geflochtenen Flachprobe mit CT-Scans validiert [5] und wird in diesem Abschnitt zur Prognose der Materialeigenschaften angewendet.

3.3.2 Simulationsergebnisse für geflochtene Verbundlaminate

Die Reduzierung der aufwändigen experimentellen Versuche durch numerische Simulation ermöglicht die Untersuchung einer größeren Bandbreite von Geflechtarchitekturen. Zusätzlich kann die Charakterisierung des Nachbruchverhaltens mit höherer Genauigkeit durchgeführt werden, denn der Einsatz von experimentellen Messmethoden (Dehnmessstreifen, Digital Image Correlation, etc.) ist nur bis zum Erstversagen möglich. In diesem Abschnitt werden die Vorteile des virtuellen Testens anhand von Beispielen erläutert.

Tab. 3.5 Kontaktparameter für den TIEBREAK-Kontakt Option 9

NFLS [GPa]	SFLS [GPa]	PARAM [–]	ERATEN [kN/mm]	ERATES [kN/mm]	CT2CN [GPa/mm]	CN [GPa/mm]
0,060	0,060	2	$2{,}6e^{-4}$	$1{,}1e^{-3}$	1	100

3.3.2.1 Ermittlung deterministischer Materialkennwerte

Die untersuchten geflochtenen Verbundlaminate zeigen ein mechanisches Verhalten auf, welches stark von der Belastungsrichtung und vom Flechtwinkel abhängt (Abb. 3.7 und 3.8 für biaxiale bzw. triaxiale Geflechte). Mit zunehmendem Flechtwinkel können die Materialeigenschaften in Querrichtung auf Kosten einer Reduzierung der Eigenschaften in Längsrichtung und in Schub erhöht werden. Mit zunehmendem Flechtwinkel werden die Längs- und Schubrichtung bzw. Quereigenschaften der biaxialen Geflechte zunehmend von der Matrix bzw. von den Faserbündeln dominiert. Beim Flechtwinkel von 45° ist das Verhalten des biaxialen Geflechts von den Schubeigenschaften der Faserbündel gesteuert. Die Abnahme des E-Moduls bei triaxialen Geflechten, mit zunehmendem Flechtwinkel, ist auf die Erhöhung der Faserwelligkeit und auf die Abnahme des Stehfadenanteils zurückzuführen.

3.3.2.2 Beschreibung des Nachbruchverhaltens

Von besonderer Bedeutung für die Untersuchung der axialen Stauchbelastung ist das Druckverhalten des Geflechts. Unter Längsdruck können triaxiale Geflechte mit hohem Flechtwinkel eine höhere Energie nach dem Erstversagen aufnehmen, da die Flechtfäden aufgrund ihrer erhöhten Welligkeit die Stehfäden gegen Ausknicken stützen (Abb. 3.9). Im Gegensatz zum 30°-Geflecht, besitzen die 45°- und 60°-Geflechte eine durchschnittliche Resttragfähigkeit von 0,10 GPa bis 0,15 GPa nach dem Druckversagen der Stehfäden. Diese Stützfunktion der Flechtfäden gewährleistet die Integrität des Geflechts und die Energieabsorption bis über 10 %-Dehnung.

3.3.2.3 Abbildung der Streuung unter Berücksichtigung der Stochastik

Der nicht konstante Versatz der Lagen während der Modellgenerierung ermöglicht die Berücksichtigung von stochastischen Effekten in der Simulation. Werden mehrere Textilien mit gleichem Flechtwinkel modelliert, besitzen diese jeweils unterschiedliche Faserbündel- und unterschiedliche Kompaktierungscharakteristiken. Eine mögliche Konsequenz dieser Stochastik ist die Streuung der Materialkennwerte, welche ebenso experimentell zu beobachten ist. Um diesen Effekt hervorzuheben, wurden vier Einheitszellen von jeweils 30°-biaxial und 30°-triaxial geflochtenen Laminaten modelliert und simuliert. Geometrie und Kenndaten relativ zu diesen Einheitszellen sind in Abb. 3.10 gegeben.

Die Spannungs-Dehnungskurven für die in Längsrichtung belasteten biaxialen Geflechte (Abb. 3.11) zeigen eindeutig, dass der Kompaktierungsgrad des Textils die Steifigkeit und Festigkeit des Laminats beeinflusst. Bei den biaxial geflochtenen Laminaten erreicht die Streuung der Steifigkeit bzw. der Festigkeit 3,5 % bzw. 12 % vom Mittelwert. Eine Erhöhung des Kompaktierungsgrads führt generell zur Erhöhung des Faservolumengehalts und zu einer Zunahme der Materialkennwerte. Es ist anzumerken, dass das biaxiale Geflecht

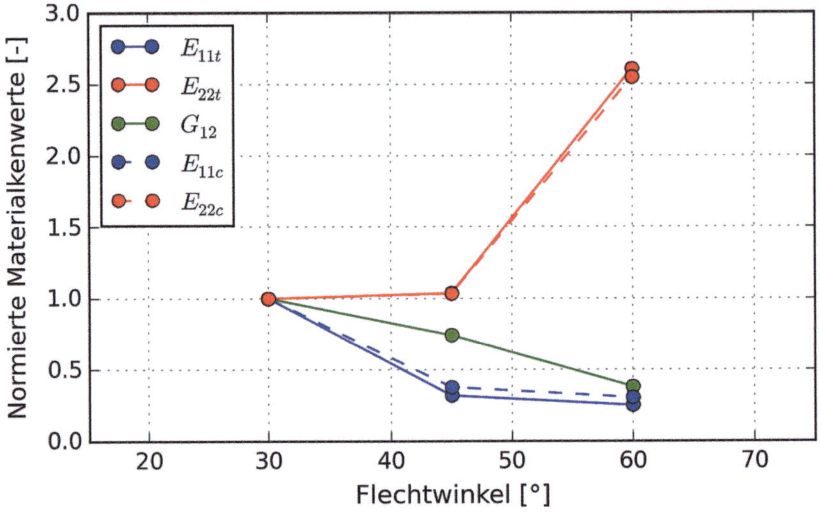

Abb. 3.7 Einfluss der Textilarchitektur auf die intra-laminaren Materialkennwerte des biaxial geflochtenen Verbundlaminats

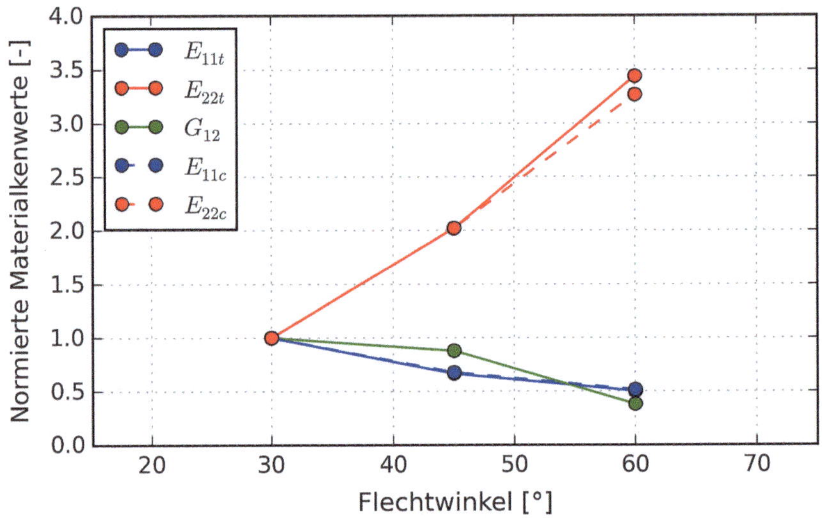

Abb. 3.8 Einfluss der Textilarchitektur auf die intra-laminaren Materialkennwerte des triaxial geflochtenen Verbundlaminats

Nummer 3 trotz höherem Kompaktierungsgrad eine geringere Steifigkeit und Festigkeit als das Geflecht Nummer 1 besitzt. In der Kompaktierungssimulation wird mit konstantem Faservolumengehalt im Faserbündel berechnet, obwohl dieser mit zunehmendem Kompaktierungsgrad in der Realität leicht ansteigt. Unter der Annahme eines konstanten Faserbündelvolumens, nehmen der globale Faservolumengehalt und daher die Materialkennwerte des Textils ab. Eine Verbesserung der Prognosegüte könnte durch die Berücksichtigung

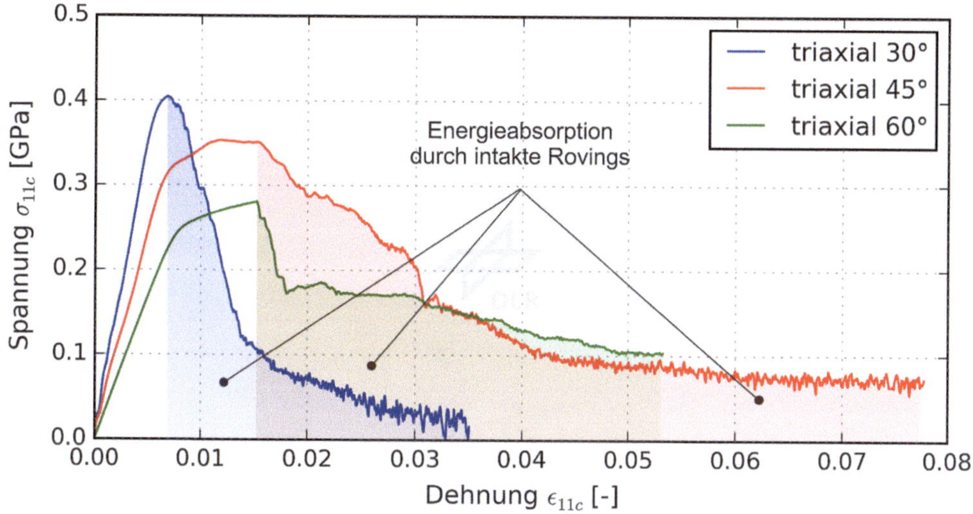

Abb. 3.9 Spannungs-Dehnungskurven unter axialer Druckbelastung für die drei untersuchten Geflecht-Architekturen

biaxiales Geflecht	d [mm]	η [-]	ϕ [-]
	0.80	1.54	0.66
	0.79	1.56	0.63
	0.77	1.60	0.59
	0.82	1.50	0.62
triaxiales Geflecht	**d [mm]**	**η [-]**	**ϕ [-]**
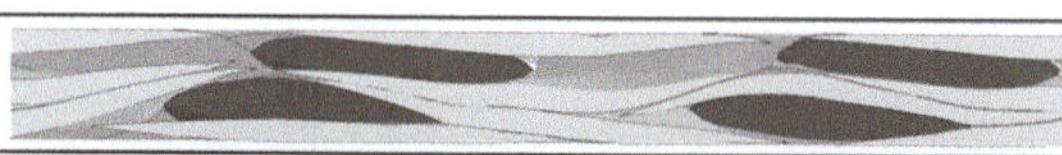	1.40	1.70	0.61
	1.38	1.73	0.62
	1.50	1.59	0.58
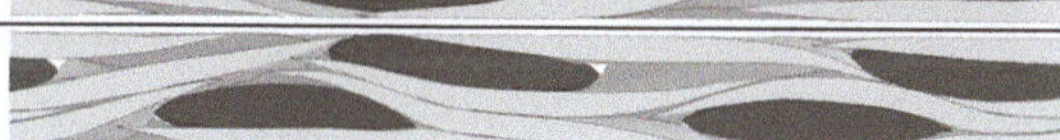	1.54	1.55	0.54

Abb. 3.10 Modellierte geflochtene Laminate zur Untersuchung der Stochastik

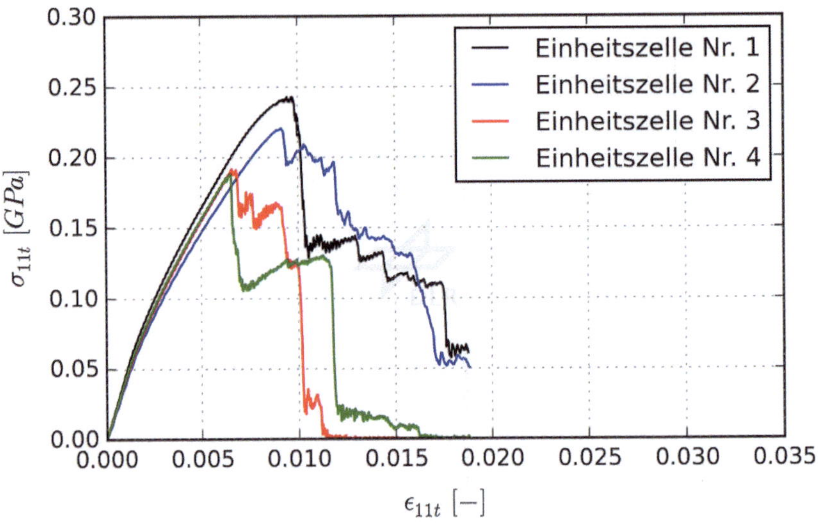

Abb. 3.11 Spannungs-Dehnungskurven für die vier Einheitszellen eines biaxial geflochtenen Laminats unter Längszug

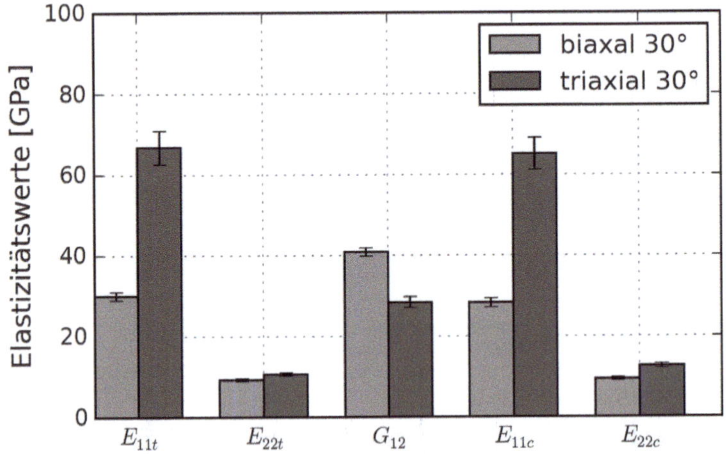

Abb. 3.12 Streuung der Elastizitätskennwerte der biaxialen und triaxialen geflochtenen Laminate

des Zusammenhangs zwischen dem Kompaktierungsgrad und dem Faservolumengehalt erreicht werden. Dafür sind experimentelle Messungen oder numerische Simulationen an einzelnen Faserbündeln erforderlich.

Die Streuungen der Elastizitäts- und Festigkeitskennwerte des biaxialen und triaxialen Geflechts sind in Abb. 3.12 und 3.13 abgebildet. Aus dieser Untersuchung ergibt es sich, dass die Materialkennwerte in Längsrichtung deutlich stärker von der Faserbündelarchitektur beeinflusst werden. Unter Querbelastung oder Schubbelastung ist das mechanische Verhalten

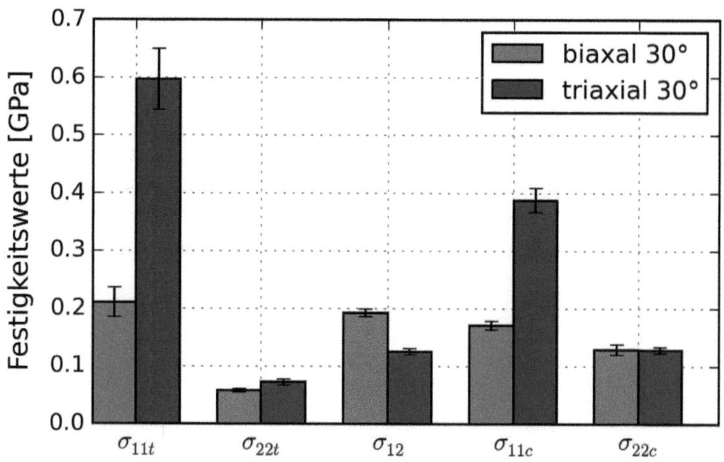

Abb. 3.13 Streuung der Festigkeitskennwerte der biaxialen und triaxialen geflochtenen Laminate

von der Matrix und nicht von den Fasern dominiert. Die mittlere Streuung der Materialkennwerte liegt bei 5 % und das Maximum von 12,2 % ist bei der Längsfestigkeit des biaxialen Geflechts erreicht.

Mit den stochastischen Simulationen auf mesoskopischer Ebene werden nicht nur die Materialkennwerte des Laminats bestimmt, sondern auch die Unsicherheit, die mit der Faserbündelarchitektur und mit dem Fertigungsprozess verbunden ist. Mithilfe von numerisch bestimmten Materialkennwerten und Streuungen, können die Sicherheitsfaktoren in der Struktursimulation genauer abgeschätzt und infolgedessen das Leichtbaupotenzial von faserverstärkten Strukturen besser ausgenutzt werden. Eine mögliche Anwendung dieser Informationen wird im Abschn. 6.4 dokumentiert.

3.3.3 Simulationsergebnisse für gewobenen Verbundlaminaten

Die untersuchten gewobenen Verbundlaminate besitzen ein lineares, sprödes Verhalten in Längs- und Querrichtung sowohl unter Zug als auch unter Druck. Die Schubbelastung solcher Materialien führt zum Abscheren der Faserbündel und zum stark nicht-linearen Verhalten.

Durch die Einbringung von Verstärkungsfäden erhöht sich die Welligkeit der Kettfäden und der Schußfäden, was die Steifigkeit und Festigkeit des Laminats reduziert. In Längsrichtung ist eine Abnahme der Steifigkeit um 10 % bzw. 7 % bei einem Verstärkungswinkel von jeweils 24° bzw. 42° zu beobachten (Abb. 3.14). Diese Abnahme erreicht in Querrichtung jeweils 30 % bzw. 18 %. Die Verstärkungsfäden eignen sich allerdings gut für schubbelastete Bauteile, da sie die Schubsteifigkeit des Laminats um circa 20 % und die Festigkeit um circa 5 % erhöhen.

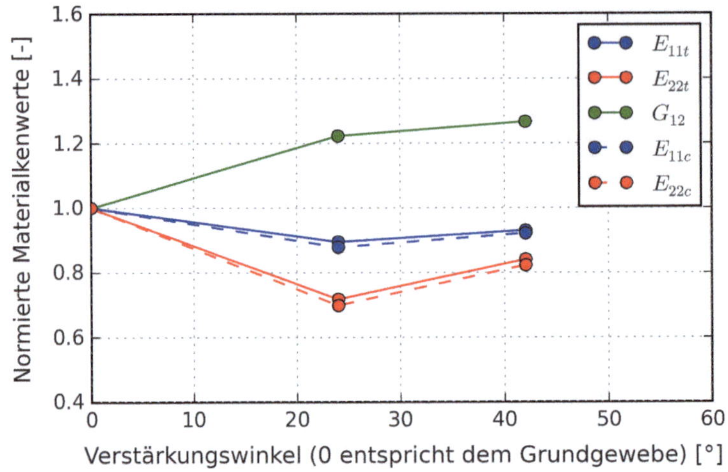

Abb. 3.14 Einfluss der Textilarchitektur auf die intra-laminaren Materialkennwerte des gewobenen Verbundlaminats

Literatur

1. H. Lin, L. P. Brown and A. C. Long, Modelling and Simulating Textile Structures using TexGen, Advances in Textile Engineering, Vol. 331, 44–47, 2011
2. C. C. Chamis, Mechanics of Composite Materials: Past, Present, and Future, 1984
3. S. V. Lomov, D. S. Ivanov, I. Verpoest, M. Zako, T. Kurashiki, H. Nakai, S. Hirosawa, Meso-FE modelling of textile composites: Road map, data flow and algorithms
4. G. Grail, Approche multimodèle pour la conception de structures composites à renfort tissé, 2013
5. M. Vinot, M. Holzapfel, R. Jemmali, Numerical Investigation of Carbon Braided Composites at the Mesoscale: using Computer Tomography as a Validation Tool, 10th European LS-DYNA Conference, Würzburg, 2015
6. S. T. Pinho, Modelling failure of laminated composites using physically-based failure models, Imperial College London, 2005
7. S. Kolling, A. Haufe, M. Feucht and P. A. Du Bois, SAMP-1: A Semi-Analytical Model for the Simulation of Polymers, 4. LS-DYNA Anwenderforum, Bamberg, 2005
8. H. Y. Kim, C. A. Lee, J. H. Bamg, B. C. Cho, D. Y. Kim, D. Y. Ha, A Study to Improve the Crash Performance of Plastic Materials Considering the Strain Rate and Fracture Characteristic, 2016

Integration der Prozesssimulation in den Digitalen Prototyp

4

Jörg Dittmann, Patrick Böhler, Florian Fritz, Andreas Pau, Norbert Dölle, Mathieu Imbert, Albrecht Dinkelmann, Hermann Finckh, Götz T. Gresser und Peter Middendorf

Für die Digitalisierung der Fertigungstechnologien und die Anknüpfung an die Industrie 4.0 ist eine korrekte Abbildung der Prozesssimulationen mit zugehöriger CAM-Schnittstelle unumgänglich. Hierbei ist es wichtig das reale Verhalten der Werkstoffe und der Maschinen abzubilden, da der nahtlose Übergang von der Simulation zu den Produktionsmaschinen das Ziel zukünftiger Fabriken sein wird (Digitalisierung). Eine schlechte Abbildung der Realität würde zu schlechter Bauteilqualität oder Beschädigungen an den Produktionsstätten führen. Im Projekt DigitPro wurde der Fokus auf die Verbesserung der Vorhersagequalität von vier Prozessschritten gelegt. Hierbei stellten der Umflechtprozess und der

J. Dittmann (✉) · P. Middendorf
Institut für Flugzeugbau, Universität Stuttgart, Stuttgart, Deutschland
E-Mail: dittmann@ifb.uni-stuttgart.de; middendorf@ifb.uni-stuttgart.de

P. Böhler
Institut für Flugzeugbau, Universität Stuttgart, Stuttgart, Deutschland
E-Mail: boehler@ifb.uni-stuttgart.de

F. Fritz · M. Imbert · A. Dinkelmann · H. Finckh · G. T. Gresser
Deutsche Institute für Textil- und Faserforschung Denkendorf, Denkendorf, Deutschland
E-Mail: florian.fritz@ditf.de; mathieu.imbert@ditf.de; albrecht.dinkelmann@ditf.de; hermann.finckh@ditf.de; goetz.gresser@ditf.de

A. Pau
RD/RTH, Digitale Produktgestaltung, Daimler AG, Sindelfingen, Deutschland
E-Mail: andreas.pau@daimler.com

N. Dölle
Leiter Struktursimulation Steifigkeit, Festigkeit, Betriebsfestigkeit, NVH, Konzernforschung & MBC-Entwicklung, Leichtbau, Material und Produktionstechnologien, Daimler AG, Sindelfingen, Deutschland
E-Mail: norbert.doelle@daimler.com

J. Dittmann, P. Middendorf (Hrsg.), *Der digitale Prototyp*, ARENA2036,
https://doi.org/10.1007/978-3-662-58957-1_4

Drapierprozess die Preformingroute dar. Der Infiltrationsprozess baute auf diesen Preforming-Prozessen auf und erweiterte die Vorhersage der textilen Architektur hinsichtlich der Infiltrierbarkeit dieser Strukturen und Modelle.

Der ORW-Prozess ist, im eigentlichen Sinne, ebenfalls ein preformherstellender Prozess. Die Tatsache, dass dieser Prozess zum ersten Mal in diesem Projekt virtuell abgebildet wird, führte dazu, dass der Fokus auf einfache Faserarchitekturen und kleine Probengrößen gelegt wurde.

4.1 Technisches Flechten

Patrick Böhler und Peter Middendorf

In diesem Kapitel wird sich den unterschiedlichen Möglichkeiten der Flechtprozessmodellierung gewidmet. Am Anfang werden die Grundlagen erläutert, woraufhin die Flechtprozesssimulation im Detail erklärt wird. Hierbei werden Vor- und Nachteile der unterschiedlichen Ansätze herausgearbeitet und anschließend bewertet, sowie das Potenzial neuer Methoden und Erweiterungen der Flechttechnik aufgezeigt.

4.1.1 Der Flechtprozess

Kohlenstofffaserverstärkte Bauteile sind stark von den Ausrichtungen der Verstärkungsfasern abhängig. Die so genannte Faserarchitektur setzt sich dabei sowohl aus der Faserorientierung, der Ondulation (Welligkeit über die Lagendicke) sowie der Querschnitte der verwendeten Verstärkungsfasern zusammen. Im Idealfall sind bei geringer Ondulation die Verstärkungsfasern entlang der Lastpfade eines Bauteils orientiert.

Für längliche Hohlbauteile kann diese Anforderung durch den Umflechtprozess erreicht werden. Das Umflechten gilt als ein Vertreter der direkten Preform-Prozesse, da nicht, wie bei anderen Preform-Prozessen, ein Halbzeug erzeugt und in einem zweiten Schritt in die finale Geometrie gebracht, sondern aus den Faserbündeln direkt eine endkonturnahe Preform erzeugt wird. Hierfür befinden sich die Verstärkungsfasern auf Spulenhaltern, die radial entlang der Spulenbahn innerhalb der Flechtmaschine angeordnet sind (Abb. 4.2). Die Spulenbahn besteht dabei aus den so genannten Flügelrädern, die durch ihre Rotationen die Spulenhalter bewegen (Abb. 4.1). Eine Hälfte der Spulenhalter bewegt sich dann im Uhrzeigersinn entlang der Flechtbahn, die andere Hälfte gegen den Uhrzeigersinn.

Die Flechtbahn selbst ist dabei eine sinusähnliche Bewegung, die durch die Rotation der Flügelräder erzeugt wird. Durch die Überlagerung dieser Sinusbewegung und der unterschiedlichen Rotation der verschiedenen Spulenhalter entlang der Flechtmaschine entsteht eine Überkreuzung der gegenläufigen Faserbündel. Werden diese in der Mitte der

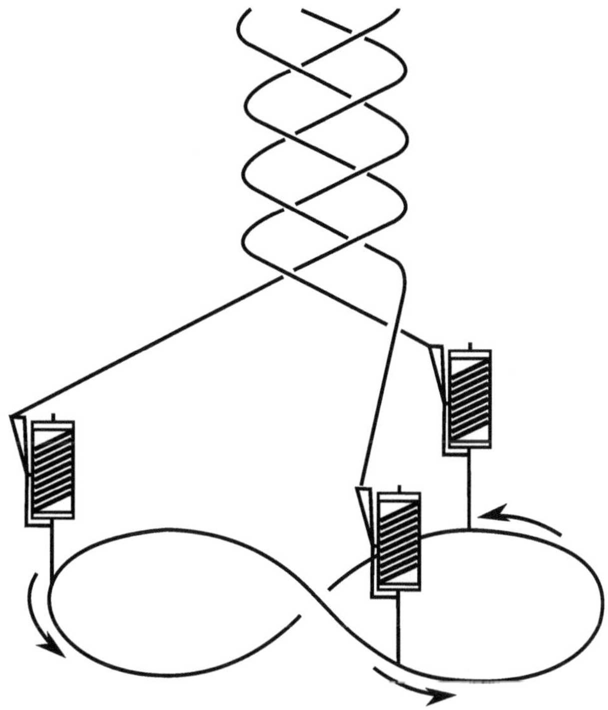

Abb. 4.1 Wirkprinzip des maschinellen Flechtens nach Rosenbaum [1]

Abb. 4.2 Flechtmaschine am Institut für Flugzeugbau

Flechtmaschine abgezogen, entsteht ein Geflecht. Für den Fall, dass ein Kern durch den Flechtmittelpunkt bewegt wird, bildet sich das Geflecht um den Flechtkern herum aus. Dieser Umflechtprozess eignet sich gut für längliche Körper mit konvexen Querschnittsformen. Durch die direkte Ablage des Geflechts auf der Oberfläche des Flechtkerns entstehen direkt endkonturnahe Textilien.

Ein weiterer Vorteil des Umflechtprozesses ist die Variabilität in Bezug auf Änderungen des Querschnitts des Kerns entlang der Kernachse. Unter Berücksichtigung bestimmter Randbedingungen können sehr starke Sprünge der Kerngeometrie abgebildet werden. Dies liegt auch an dem gut einstellbaren Flechtwinkel. Dieser ist analytisch beschreibbar und hängt dabei von der Umlaufgeschwindigkeit der Spulenhalter Ω, dem repräsentativen Durchmesser des Kerns D_K, der Kerngeschwindigkeit v_K sowie der Anzahl an Flügelrädern n_{FR} ab und lässt sich folgendermaßen berechnen:

$$\alpha_{FF} = \arctan\left(\frac{2\pi D_K}{v_k n_{FR}}\right) \tag{4.1}$$

Über den so berechneten Flechtwinkel kann dann die Ablagebreite eines Faserbündels b_{FF} und unter der Annahme einer analytisch beschreibbaren Form der Querschnittsfläche auch die Dicke eines Faserbündels h_{FF} berechnet werden:

$$b_{FF} = \frac{\pi D_K}{n_{FF}} \cdot \cos\left(\alpha_{FF}\right) \tag{4.2}$$

$$h_{FF} = f\left(A_{FF}, b_{ff}\right) \tag{4.3}$$

n_{FF} ist dabei die Anzahl an besetzten Spulenpaaren, die nicht identisch mit der Anzahl der Flügelräder sein muss.

Neben den Flechtfäden stehen auch noch die so genannten Stehfäden zu Verfügung, die an der Außenseite der Flechtmaschine positionstreu fixiert werden. Die Stehfäden verlaufen so stets entlang der Kernachse und bilden ein drittes Fadensystem. Durch die Veränderung des sogenannten Besetzungsgrades, der die Anzahl der besetzten Spulenpaare bezeichnet, oder der verwendeten Fasertypen können unterschiedliche Geflechtarten erzeugt werden. In Abb. 4.3 sind drei typische Vertreter unterschiedlicher Geflechtarten dargestellt.

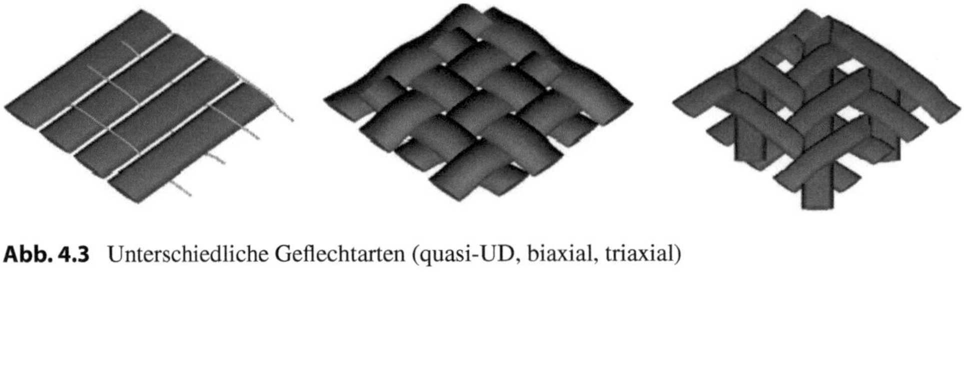

Abb. 4.3 Unterschiedliche Geflechtarten (quasi-UD, biaxial, triaxial)

Der Flechtprozess liefert somit neben dem gut einstellbaren Flechtwinkel und der direkten, endkonturnahen Textilbildung auch noch den Vorteil der hohen Flexibilität, was die Faserarchitektur und die Wahl und Kombination unterschiedlicher Fasertypen betrifft. Der hohe Grad an Freiheiten führt jedoch auch dazu, dass ein optimaler Prozess nicht direkt ersichtlich und manuell nur schwer definierbar ist. Hierfür kann die numerische Abbildung des Prozesses eine Hilfestellung liefern, in der unterschiedliche Variationen durchgespielt und deren Einfluss auf das Bauteilverhalten virtuell ermittelt werden kann.

4.1.2 Die Flechtprozesssimulation

Wie bereits angedeutet liefert die Flechtprozesssimulation als Vertreter der Prozesssimulationen eine Möglichkeit den Prozess vorherzusagen und das Ergebnis virtuell zu bewerten. So kann sie genutzt werden, um einerseits das strukturelle Verhalten eines Bauteils, das stark von der Faserarchitektur abhängt, durch einen Übertrag des Flechtergebnisses in die Struktursimulation vorzunehmen. Eine frühzeitige Kenntnis der Struktureigenschaften kann dann im Idealfall dazu genutzt werden, Änderungen am Design vorzunehmen und das Bauteil auf seine Anforderungen hin zu optimieren, ohne dass reale Versuche notwendig sind. Andererseits kann eine virtuelle Vorhersage des Herstellprozesses dazu verwendet werden, den eigentlichen Herstellprozess virtuell zu optimieren. Als Optimierungskriterien können dabei wiederum die Bauteileigenschaften, aber auch weitere Faktoren wie Kosten oder Fertigungszeit dienen. Notwendige experimentelle Iterationen zur aufwändigen Prozessdefinition können so eingespart und optimale Randbedingungen virtuell ermittelt werden.

Das Ziel der Flechtprozesssimulation ist demnach die korrekte, virtuelle Abbildung aller physikalischer Effekte, die während des Flechtprozesses auftreten, um so ein exaktes virtuelles Abbild des sich ausprägenden Geflechtes zu erhalten. Hierfür ist zum einen eine exakte Abbildung des eigentlichen Prozesses, zum anderen eine Modellierung der Faserbündel, die die abzubildenden Größen darstellen kann, notwendig.

Für die korrekte virtuelle Entstehung eines Geflechts wird demnach die gesamte Kinematik des realen Prozesses nachgebildet. Jedes Faserbündel wird als Aneinanderreihung von Elementen dargestellt, an dessen Ende sich ein Federelement befindet, um die notwendige Zugkraft auf das Faserbündel zu erzeugen, die im realen Prozess durch den Spulenhalter erzeugt wird. Diese Federelemente bewegen sich entsprechend der Bewegungen der Spulenhalter mit. Der Flechtring wird ebenfalls modelliert, um die Umlenkung der virtuellen Faserbündel und somit die Ablage auf dem virtuellen Kern zu ermöglichen. Der Aufbau einer solchen Modellierung ist in Abb. 4.4 zu sehen.

Die Modellbildung ist dabei in der Lage, die Variabilität des Flechtprozesses abzubilden. Demnach kann die Anzahl an Fadensystemen zwischen zwei und drei variieren,

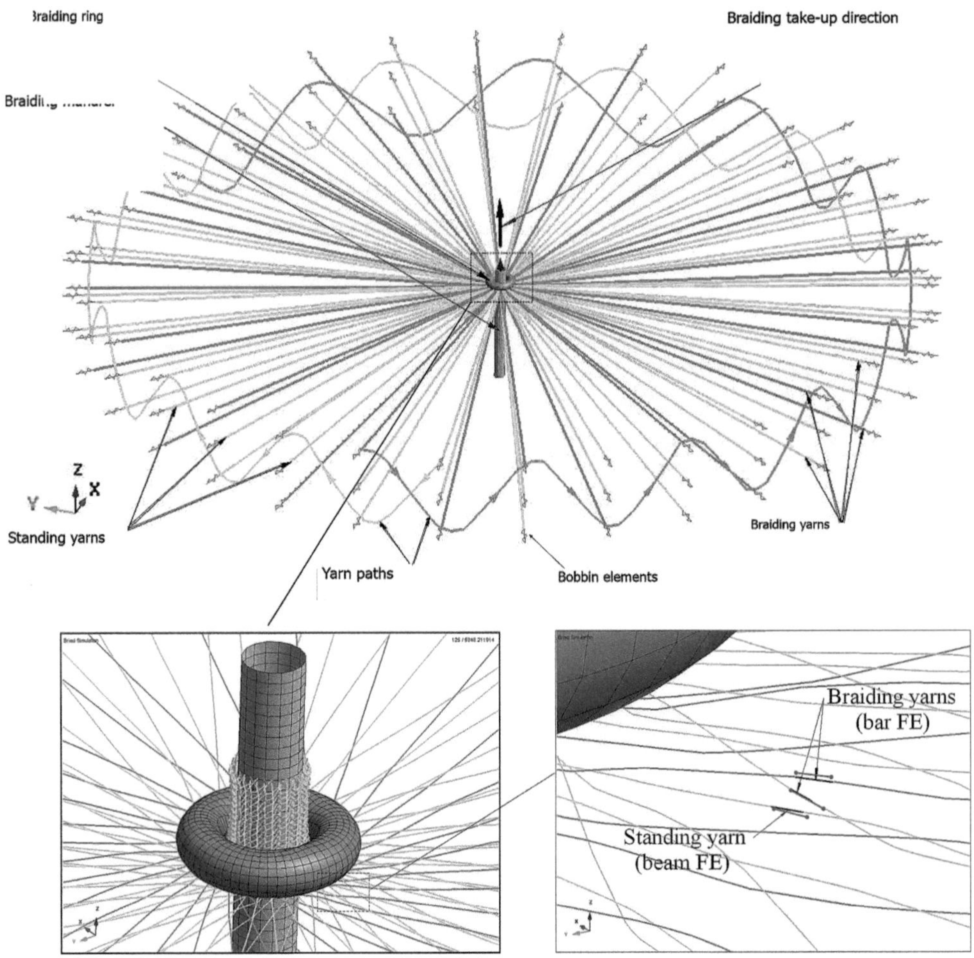

Abb. 4.4 Virtueller Aufbau einer Flechtprozesssimulation nach Pickett [9]

um sowohl biaxiale als auch triaxiale Geflechte zu erzeugen. Ebenso vorgegeben werden unterschiedliche spezifische Eigenschaften für unterschiedliche Faserbündel, um die Entstehung hybrider Geflechte vorherzusagen. Ebendiese unterschiedlichen textilen Eigenschaften der Faserbündel sind dabei entscheidend für die korrekte virtuelle Abbildung der textilen Faserarchitektur des Geflechts. Aus diversen textilen Untersuchungen stellen sich folgende Größen als essenziell für die geeignete Abbildung heraus:

- Reibung
- Biegesteifigkeit
- Zugsteifigkeit
- Faserbündelquerschnitt

Diese Größen müssen für Faserbündel experimentell ermittelt werden. Hierfür können teilweise vorhandene Charakterisierungstests verwendet werden, teilweise sind neue zu definieren.

Die Biegesteifigkeit kann mit dem in der Forschung seit einigen Jahrzehnten bekannten Cantilever-Biegetest [2] bestimmt werden. Hierfür wird ein Faserbündel definiert über eine Kante geschoben. Aufgrund der eigenen Gewichtskraft beginnt sich dieses durchzubiegen. Das Faserbündel wird dabei solange über die Kante bewegt, bis das freie Ende auf eine definierte, unter 41,5° verlaufende, schiefe Ebene trifft. Über die so genannte Biegelänge l_B, die aus der Überhanglänge $l_{ü}$ des Faserbündels gewonnen werden kann, ist mit nachfolgender Gleichung die Biegesteifigkeit B zu bestimmen.

$$B = g \cdot \frac{m}{l} \cdot \left(\frac{l_{ü}}{2} \right)^3 \tag{4.4}$$

Dabei ist m die Masse des Faserbündels, l die gesamte Länge des Faserbündels und g die Erdbeschleunigung.

Die Reibung zwischen den Faserbündeln, aber auch zwischen Faserbündel und Flechtring sowie Flechtkern muss in einem weiteren Versuch ermittelt werden. Auch hierfür existieren vorhandene Versuchsaufbauten. Der einfachste ist dabei der so genannte Coulomb-Test, bei dem die zwei Reibpartner normalkraftbelastet relativ bewegt werden und die dazu notwendige Kraft, die der Reibkraft entspricht, in Abhängigkeit der Normalkraft gemessen wird [3]. Über das Coulomb'sche Gesetz (Gl. 4.5) wird eine Proportionalität zwischen dieser gemessenen Reibkraft F_R und der aufgebrachten Normalkraft F_N angenommen. Der Proportionalitätsfaktor ist dabei der so genannte Reibkoeffizient μ.

$$F_R = \mu \cdot F_N \tag{4.5}$$

Für die Simulation ist die Zugsteifigkeit von etwas untergeordneter Wichtigkeit, da die auftretenden Kräfte keine großen Längenänderungen der Faserbündel erwarten lassen. Aus diesem Grund kann hier auf die Kennwerte aus dem Datenblatt zurückgegriffen werden.

Der Faserbündelquerschnitt hingegen und speziell die Änderung des Querschnitts durch die Kompaktierung ist für die Ausbildung der Faserarchitektur entscheidend. Die Formänderung des Querschnitts hat direkten Einfluss auf die Ondulation des Geflechts und somit auf nachfolgende Simulationsschritte und die mechanischen Eigenschaften des finalen Bauteils. Aus diesem Grund ist eine exaktere Untersuchung hierfür notwendig. Über einen Kompaktierungsversuch, in dem das Faserbündel in einer Universalprüfmaschine durch zwei Metallplatten kompaktiert wird, kann der Kraftverlauf über die Dickenänderung bestimmt werden.

Eine geeignete Modellierung der Einzelfäden muss demnach die als wichtig definierten Größen in akzeptabler Qualität abbilden. Dem gegenüber steht stets die Rechenzeit, die für detailliertere Modelle größer ist, für industrielle Anwendungen jedoch minimiert werden muss. Aus diesem Grund sind Vereinfachungen bei den genannten Größen zum Teil notwendig. Unterschiedliche Modellierungsarten der Faserbündel sind für die Verwendung in der Flechtprozesssimulation denkbar. In Abb. 4.5 und 4.6 sind zwei typische Vertreter möglicher Modellierungen dargestellt, die sich für die Flechtprozesssimulation gut eignen.

Abb. 4.5 zeigt den einfacheren 1D-Element-Ansatz, in dem Stab- oder Balkenelemente für die Repräsentation des Faserbündels herangezogen werden. Diese Modellierung führt aufgrund der geringeren Elementqualität zu kürzeren Rechenzeiten, kann jedoch nur bedingt die notwendigen physikalischen Größen widergeben. Durch die eindimensionale Darstellung fehlt eine geometrische Abbildung des Faserbündelquerschnitts, der rein über die Kontaktformulierung in der expliziten Simulation virtuell berücksichtigt wird. Dies führt zu einer identischen geometrischen Ausdehnung in Breiten- und Dickenrichtung. Auch die Abbildung des Biegeverhaltens ist nur bedingt realisierbar, da eine Entkopplung von Zug- und Biegesteifigkeit nicht direkt definierbar sondern nur unter der nicht physikalischen Verringerung des Flächenträgheitsmoments 2. Ordnung zu realisieren ist.

Der 2D-Element Ansatz bietet hier detailliertere Möglichkeiten. Die Breite der Faserbündel kann durch die Darstellung der Mittelflächen geometrisch und lediglich die Dicke über die Kontaktformulierung virtuell dargestellt werden. Dies führt zu einer realitätsnahen Darstellung der Faserarchitektur und somit zu einer Erhöhung der Prognosegüte.

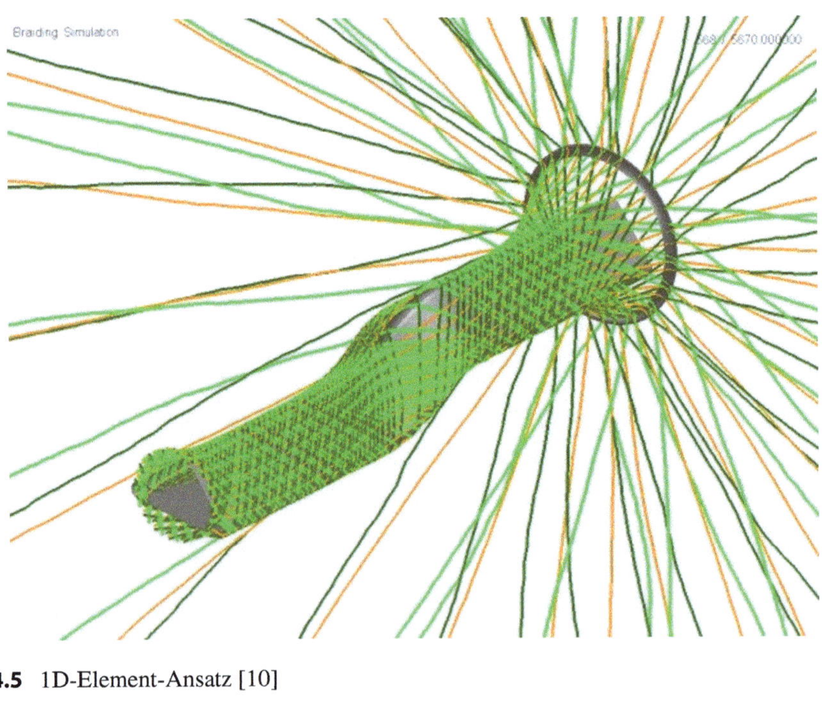

Abb. 4.5 1D-Element-Ansatz [10]

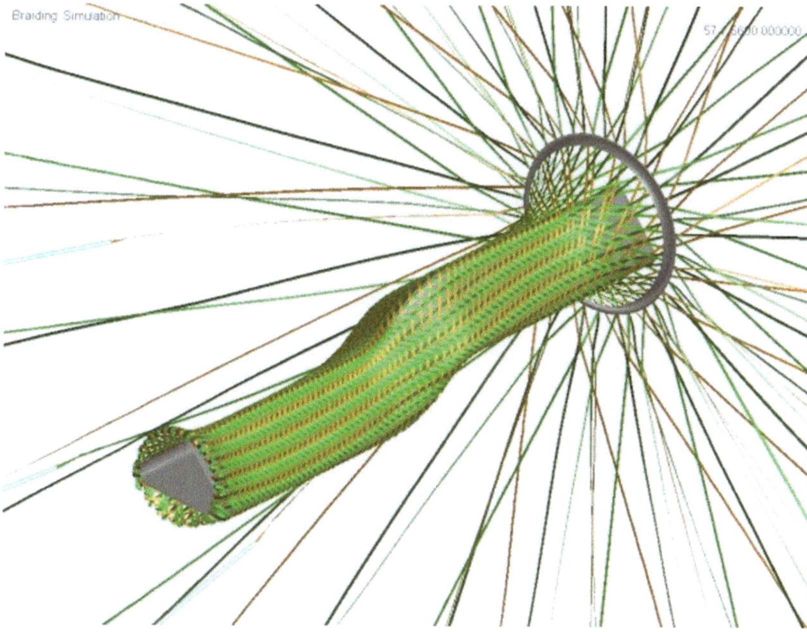

Abb. 4.6 2D-Element-Ansatz

Auch eine Entkopplung der Zug- und Biegeeigenschaften ist unter Verwendung des entsprechenden Materialmodells möglich (siehe Abb. 4.6). Somit kann das Biegeverhalten den Versuchen nach angepasst und ein realistisches Zugverhalten beibehalten werden. Auch ist eine nicht physikalische Reduktion des Flächenträgheitsmoments 2. Ordnung für die Biegung um die Mittelachse des Faserbündels nicht notwendig. Der 2D-Element-Ansatz liefert im Vergleich zum 3D-Element-Ansatz zum einen den Vorteil der geringeren Rechenzeit, zum anderen stellt sich bei einem 3D-Element-Ansatz jedoch wiederrum das Problem der Biegesteifigkeit. Geometrisch dicke Elemente werden bei einer Biegebelastung unter der Annahme einer idealen Schersteifigkeit über den Querschnitt, außer in der neutralen Faser, ebenfalls einer Zug- und Druckbelastung ausgesetzt. Demnach hat das Zug- und Druckverhalten wiederrum direkten Einfluss auf die Biegung und lässt sich nur schwer entkoppeln (Abb. 4.7).

Mit dem definierten Materialmodell und der 2D-Element-Modellierung kann die Flechtprozesssimulation durchgeführt werden. Für erste Untersuchungen eignet sich dabei eine generische Struktur, die gezielt Effekte im Geflecht provoziert. Die Geometrie der generischen Struktur setzt sich aus einer gezielten Krümmungsänderung der Mittelachse und einem nicht kreisrunden Querschnitt zusammen. Der Querschnitt wird dabei so gewählt, dass durch planare Flächen ein so genannter S-Schlag im Geflecht erzeugt wird. Über die Krümmung der Mittelachse werden unterschiedliche Lauflängen auf der Ober- und Unterseite erzeugt, die dann zu Faserwinkel- und Bedeckungsgradänderungen führen.

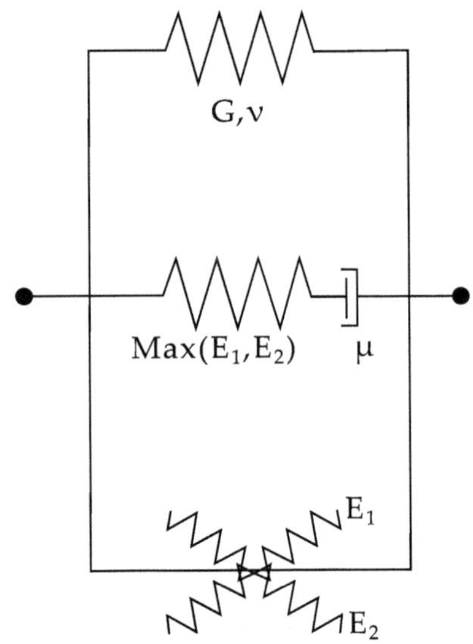

Abb. 4.7 Materialmodell für den 3D-Element-Ansatz mit entkoppelten Biege- und Zugeigenschaften nach ESI [4]

In Abb. 4.8 ist das Ergebnis der Flechtprozesssimulation abgebildet. Es ist zu erkennen, dass diverse mesoskopische Effekte erzeugt werden können. An der Oberseite ist aufgrund der längeren Lauflänge im Vergleich zur Unterseite eine Abnahme des Flächengewichts zu erwarten. Dieselbe Menge Geflecht muss hier eine größere Fläche überspannen. In der Simulation ist eben diese Abnahme des Flächengewichts zu erkennen. Des Weiteren sind Lücken zwischen den Faserbündeln zu sehen.

An der Unterseite der Geometrie findet ein Abspannen des Geflechts statt, wie es für konkave Bereiche zu erwarten ist. Durch die Faserbündelspannung ist eine korrekte Abformung solcher Bereiche nur schwer realisierbar. Zusätzlich kommt ein gegenteiliger Effekt wie die an der Oberseite auftretende Lückenbildung zum Tragen.

Durch die gewählte Querschnittsfläche entsteht eine Faserwinkeländerung an den planaren Bereichen der Geometrie. Der so genannte S-Schlag ist typisch für nicht kreisrunde Querschnitte und wird hauptsächlich durch die vorherrschende Reibung zwischen den Faserbündeln untereinander und zum Kern erzeugt. Am Knickbereich der Geometrie ist zu erkennen, dass der Faserwinkel der Flechtfäden größer wird. Dieser Effekt ist durch die Geometrie induziert und entspricht der Erwartung. Die Simulation kann demnach die erwarteten Effekte qualitativ gut widergeben (Abb. 4.8).

Für eine Validierung des Simulationsergebnisses wird ein Vergleich mit einer realen Geflechtprobe der generischen Struktur durchgeführt (siehe Abb. 4.9). Hier können sowohl rein optische Methoden, als auch stereoskopische Werkzeuge genutzt werden.

Über einen optischen Abgleich kann der reale Faserwinkel bestimmt und mit dem Faserwinkel der Simulation an jedem Punkt der Probe verglichen werden. Es ist zu erkennen,

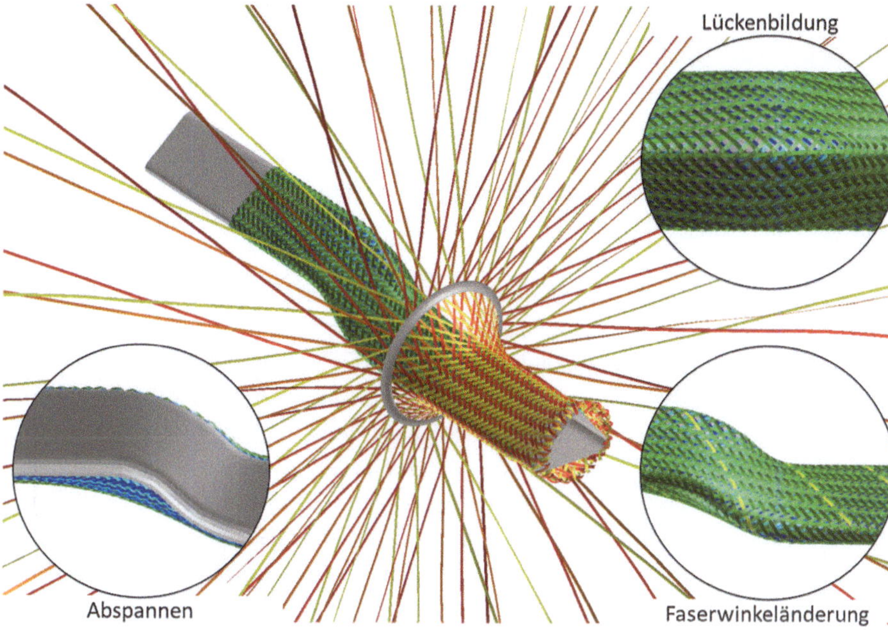

Abb. 4.8 Mesoskopische Effekte in der Flechtprozesssimulation

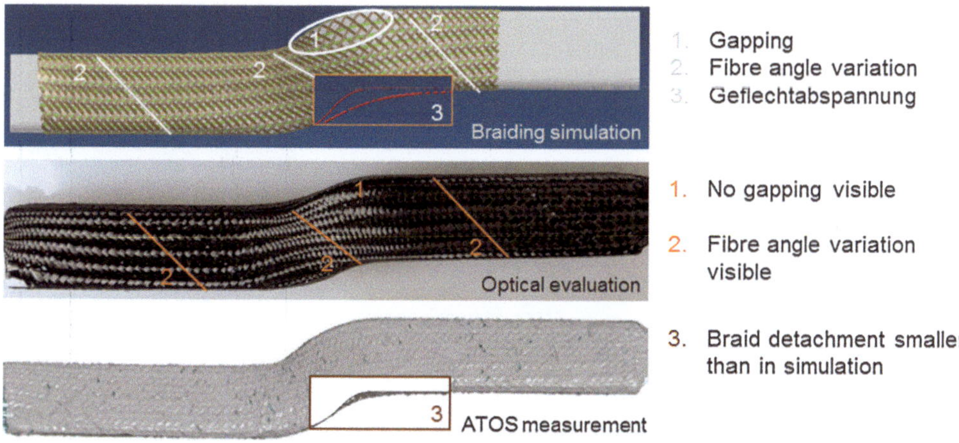

Abb. 4.9 Validierung der Flechtprozesssimulation am Beispiel der generischen Struktur (oben: Ergebnis der Flechtprozesssimulation; mitte: optische Bewertung der realen Struktur; unten: stereoskopische Aufnahme des realen Ergebnisses)

dass an allen gemessenen Stellen eine sehr gute, qualitative Übereinstimmung der gemessenen und der numerisch vorhergesagten Faserwinkel vorliegt. Der nominell eingestellte Flechtwinkel, der an den Bereichen vor und nach dem Knick sehr gut abzulesen ist, kann am Knickbereich nicht erreicht werden.

Mit Hilfe einer stereoskopischen Aufnahme der geflochtenen Struktur kann ein 3D-Modell der Oberfläche erzeugt werden. Ein Vergleich dieses Modells mit der Geometrie des Flechtkerns ermöglicht am konkaven Bereich eine Visualisierung der auftretenden Abspannung. Es ist zu erkennen, dass die Abspannung in der Simulation deutlich stärker ausgeprägt ist als im Experiment. Qualitativ kann dieser Effekt dennoch vorhergesagt werden. Die Überschätzung am Beispiel der generischen Struktur liegt dabei an der Modellierung und kann durch Erweiterungen dieser verbessert werden.

Die gewonnenen Erkenntnisse der generischen Geometrie (siehe Abb. 4.6) sollen abschließend auf eine Zielgeometrie angewendet werden (siehe Abb. 4.10). Diese unterscheidet sich von der generischen Struktur durch eine größere Anzahl an Krümmungsänderungen der Mittellinie und einem größeren Verhältnis von Breite zu Höhe des Querschnitts. Auch hier wird der Querschnitt über die Mittellinie konstant gehalten.

Aus einer Vorauslegung (siehe Abb. 4.11) mit Hilfe eines Super-Elemente-Modells des gesamten Fahrzeugs, aus der die real auftretenden Lasten hervorgehen, kann der notwendige Lagenaufbau ermittelt werden. Dieser umfasst sowohl die Anzahl an zu flechtenden Lagen, die notwendigen Flechtwinkel als auch die benötigten Titerunterschiede zwischen Flecht- und Stehfäden.

Aus dieser Vorauslegung in Kombination mit den möglichen Maschinensetups für die Flechtmaschine ergeben sich die in Tab. 4.1 zusammengefassten Architekturgrößen.

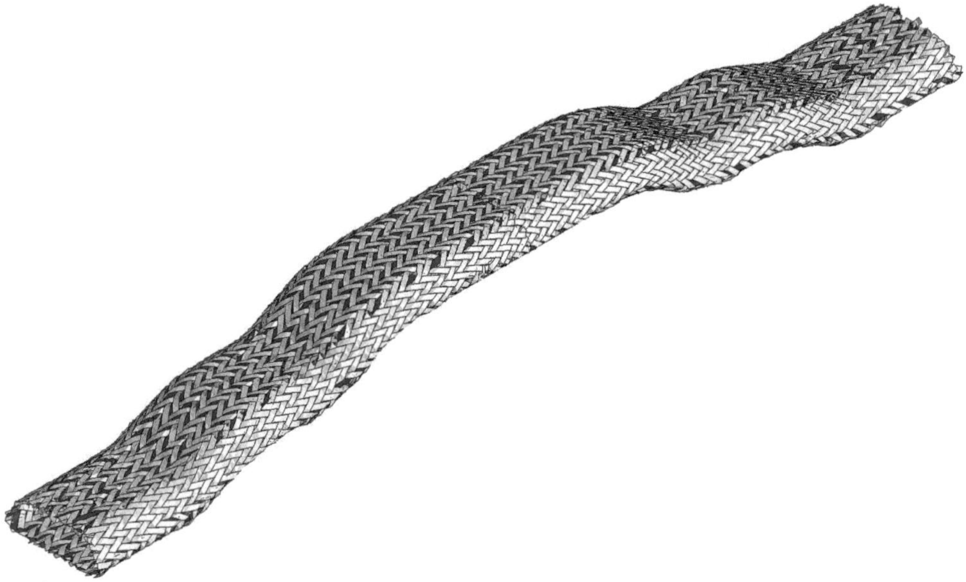

Abb. 4.10 Flechtzielbauteil

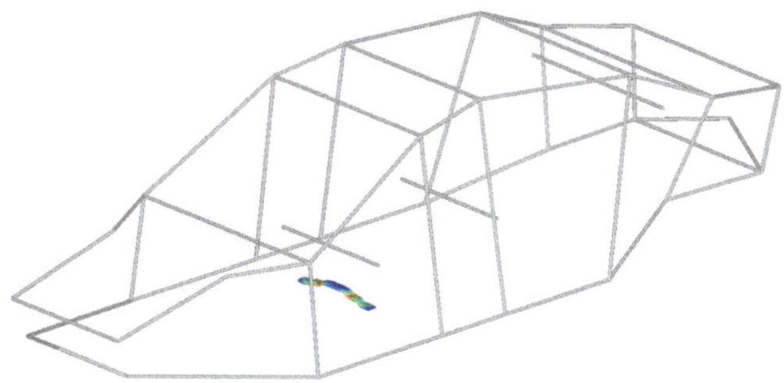

Abb. 4.11 Belastung des Zielbauteils im Super-Elemente-Modell der Fahrzeugstruktur

Tab. 4.1 Architekturparameter für Zielbauteil

Architekturparameter	Wert aus Vorauslegung
Flechtwinkel	30 [°]
Lagenanzahl	2 [–]
Titer Stehfäden	3200 [tex]
Titer Flechtfäden	1600 [tex]

Mit den gewonnenen Parametern wird dann ein Flechtprozesssimulationsmodell erzeugt und die Simulation entsprechend der realen Randbedingungen durchgeführt. Neben den textilen Parametern ist auch die Bewegung des Flechtkerns durch den Flechtmittelpunkt entscheidend. Auf diese Bewegung wird in Abschn. 7.1 genauer eingegangen. Im Simulationsergebnis (siehe Abb. 4.13) sind diverse Bereiche zu erkennen, in denen das Geflecht nicht optimal auf dem Flechtkern positioniert ist. So entstehen kleinere Schlaufen sowie Abspannungen an den konkaven Bereichen, ähnlich denen am generischen Bauteil.

Diese Effekte, die durch die Wahl der Flechtparameter auftreten, können jedoch auch im Experiment aufgezeigt werden (siehe Abb. 4.12) und lassen sich aufgrund der Komplexität des Kerns mit den notwendigen Faserarchitekturparametern nicht weiter optimieren. Im nachfolgenden Schritt der Infiltration werden diese Effekte durch das Werkzeug ausgeglichen. Die Abspannungen werden an den Kern gedrückt und bilden so kein Folgeproblem. Lediglich die dann auftretende Faserwinkeländerung ist dabei zu berücksichtigen. Durch das Ergebnis der Flechtprozesssimulation ist dies jedoch auch numerisch machbar. Die Schlaufenbildung ist ebenfalls eine wichtige Inputgröße für die folgenden Simulationsschritte und eine Vernachlässigung dieser Information würde sowohl die Vorhersage der lokalen Eigenschaften für die Matrixeinbringung als auch die tatsächlichen strukturellen Eigenschaften verfälschen.

Der Vergleich zwischen Realität und Simulation zeigt, dass eine sehr gute Vorhersage mit Hilfe der numerischen Prozesssimulation erreicht werden kann. Die Faserbündelverläufe, Abspanneffekte sowie Schlaufenbildungen können gut vorhergesagt werden, was das Modell für die weiteren Simulationsschritte als tauglich bestätigt.

Abb. 4.12 Ergebnis der Flechtprozesssimulation des Zielbauteils

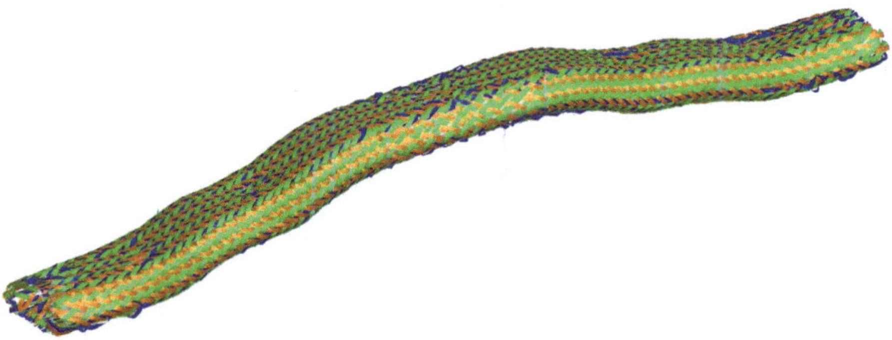

Abb. 4.13 Ergebnis des Umflechtprozesses für das Zielbauteil

Die erzeugten Simulationsergebnisse des Umflechtprozesses können dann entlang der virtuellen Prozesskette an die Infiltrationssimulation und an die Strukturbewertung in den nächsten Kapiteln übergeben werden. Der notwendige Transferschritt (mapping) wird ebenfalls in den nächsten Kapiteln erläutert. Als zweite Preformmethode wird im Folgenden zunächst auf das Drapieren eingegangen.

4.2 Der Drapierprozess

Andreas Pau, Norbert Dölle, Florian Fritz, Mathieu Imbert und Hermann Finckh

In diesem Kapitel wird sich den unterschiedlichen Möglichkeiten der Drapierprozessmodellierung gewidmet. Am Anfang werden die Grundlagen erläutert, woraufhin die Drapierprozesssimulation im Detail erklärt wird. Hierbei werden Vor- und Nachteile der unterschiedlichen Ansätze herausgearbeitet und anschließend bewertet.

4.2.1 Einleitung

Das Drapieren von trockenen Textilien ist ein wichtiger Schritt in der Herstellung von Faserverbundbauteilen. Dabei wird ein zweidimensionaler Textilaufbau durch unterschiedlich kombinierte Belastungen (Zug, Scherung, Biegung) in eine dreidimensionale Geometrie umgeformt. Die durch den Verformungsprozess veränderte mikroskopische Struktur des Materials beeinflusst sowohl die Infiltrationseigenschaften des Textils, als auch die mechanischen Eigenschaften des Bauteils im hohen Maße. Aus diesem Grund ist ein tiefgehendes Verständnis der komplexen Umformvorgänge und deren Mechanismen, als auch deren Vorhersagemöglichkeit durch Simulation erforderlich, um anwendungsspezifisch Defekte (Falten, Welligkeiten, extreme Scherwinkel) zu vermeiden und eine lastgerechte, optimale Faserorientierung bei der Umformung des trockenen Halbzeugs zur späteren Bauteilgeometrie zur erreichen.

Um regulatorische und entwicklungsstrategische Anforderungen an Emissionsreduzierungen zu erfüllen, ist zudem eine über den aktuellen Stand hinausgehende Erhöhung des Leichtbaugrads und Funktionsintegration notwendig. Hier können multiaxiale Gewebehalbzeuge, die z. B. mit Hilfe der sogenannten Open-Reed-Webtechnik (ORW) hergestellt wurden, sowohl den Anspruch an einen hohen Leichtbaugrad als auch an die Funktionsintegration erfüllen. Diese neue Webtechnik ermöglicht es bis zu zwei zusätzliche Fadensysteme in ein konventionelles, biaxiales Gewebe einzubringen. Die Orientierung der weiteren Fadenschaare kann hierbei lokal an die Bauteilbelastung angepasst werden.

Allerdings ist ein Einsatz der ORW-Textilien nur dann denkbar, wenn sich sowohl Produkt- wie auch die Prozesseigenschaften präzise voraussagen lassen und zudem die Wechselwirkungen aus Prozess- und Produkteigenschaften beschreibbar werden. Erst durch die präzise Prognose beider Eigenschaftsklassen und der Wechselwirkungen lassen sich Entwicklungen zielgerichtet vorantreiben, Bauteile optimieren und das Potenzial des erhöhten Freiheitsgrades nutzen.

4.2.2 Herausforderung bei der Simulation maßgeschneiderter Textilien für großserientaugliche Fertigungsprozesse

Die Drapierung der Textilien ist ein komplexer und oftmals mit Fehlern behafteter Vorgang. Die Qualität der entstehenden Preform ist allerdings entscheidend für die späteren Bauteileigenschaften. Die Wechselwirkungen aus Verstärkungshalbzeug, der Geometrie und dem Fertigungsprozess spielen für die Änderung der Faserorientierung und die daraus resultierenden mechanischen Bauteileigenschaften eine zentrale Rolle. Das Verständnis über ihr Zusammenwirken ermöglicht sowohl eine Optimierung der Faserorientierungen, als auch die Optimierung der Fertigungsqualität der Bauteile durch das frühzeitige Erkennen von Fehlstellen wie Falten und Faserwelligkeiten. Ein geeignetes Werkzeug zur Analyse der Drapierbarkeit stellt die FEM-basierte Drapiersimulation dar. Hierbei wird die Umformung des ebenen Textils in die dreidimensionale

Bauteilgeometrie betrachtet. Dies ermöglicht eine Untersuchung der Fertigungsrandbedingungen selbst, sowie deren Auswirkungen auf das Produkt. Die Ergebnisse der Drapiersimulation (resultierende Faserorientierungen) werden hierfür üblicherweise in die Struktursimulation überführt. Dort kann die Bewertung der Auswirkungen der Fertigung auf die mechanischen Bauteileigenschaften vorgenommen werden. Die Drapiersimulation ist das einzige verfügbare Analysewerkzeug, das die durchgängige Betrachtung der Teilaspekte Geometrie, Mechanik, Fertigungsprozess und Halbzeug erlaubt.

Zur Durchführung einer Drapiersimulation muss das Material bezüglich seiner physikalischen Verformungseigenschaften charakterisiert und das Verformungsverhalten in ein mechanisches Simulationsmodell überführt werden. Aufgrund der Anisotropie der Materialien ist hierfür jedoch eine Vielzahl von Versuchen notwendig. Sollen zur Steigerung des Leichtbaugrades der Bauteile ORW-Gewebe eingesetzt werden, steigt der Aufwand für die Versuchsdurchführung allerdings schnell in nicht mehr wirtschaftliche Bereiche. Der Verzicht auf die Drapiersimulation birgt hingegen das Risiko von Projektverzögerungen, Werkzeugschädigungen und teuren Werkzeugüberarbeitungen. Somit besteht die Notwendigkeit, ORW-Gewebe mit geringem Aufwand und hoher Aussagegüte für die Drapiersimulation zu charakterisieren.

Eine besondere Rolle beim ORW-Gewebe spielt die Möglichkeit zur lokalen Ausrichtung der zusätzlichen Verstärkungsfadensysteme. Es kann daher eine umgekehrte Entwicklungsstrategie angewandt werden (siehe Abb. 4.14). Statt wie im Stand der Technik die Umsetzbarkeit einer Geometrie über die sequenzielle Prüfung der strukturellen Eigenschaften und der Drapierbarkeit iterativ zu prüfen, sollten strukturelle Eigenschaften zunächst ermittelt und das Textil „digital maßgeschneidert" werden. Das so konstruierte Textil kann anschließend gefertigt und mit reduziertem Projektrisiko eingesetzt werden. Bei Erreichung eines solchen Zielprozesses sind somit nicht nur Einsparungen bei der experimentellen Validierung auf Komponentenmaßstab sondern auch durch die „Digitalisierung" der Materialcharakterisierungskette auf Materialmaßstab gegeben. Erst wenn diese Entwicklungsstrategie gegeben ist und die Methoden bis zu Gestaltungsregeln erprobt und effizient einsetzbar sind, ist von einem Einsatz der ORW-Gewebe in strukturellen Anwendungen auszugehen.

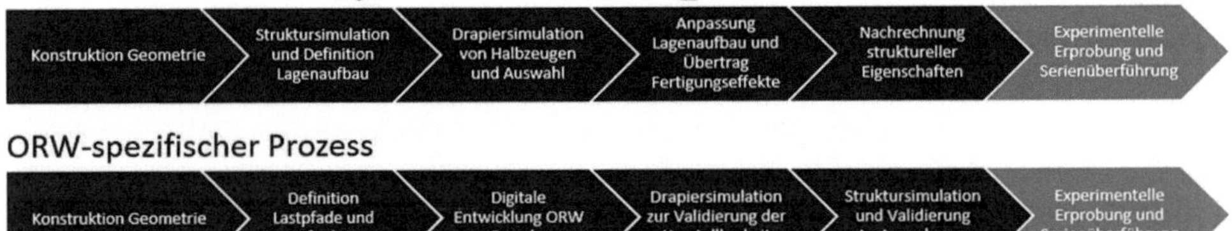

Abb. 4.14 Variation der Entwicklungsstrategie durch Einsatz von ORW Geweben

Die Anforderungen an das Simulationsmodell ergeben sich z. B. aus den Fertigungsrandbedingungen des Drapierprozessschritts in großserientauglichen Fertigungsverfahren für automobile Komponenten. Zur Erhöhung des Formgebungsgrades und zur Verminderung qualitativer Defekte werden hierbei oftmals Niederhalter- und Materialführungssysteme eingesetzt. Hierbei wird das Textil während der Umformung in einen vordefinierten Spannungszustand versetzt. Die sogenannten Membranspannungen zeigen einen starken Einfluss auf das Verformungsverhalten. Diese sind zwingend in der Drapiersimulation zu berücksichtigen und insbesondere auf Ihre Auswirkung für ORW-Gewebe hin zu untersuchen.

Zur Analyse der textilen Strukturen und deren Umformverhalten ist somit zunächst eine skalenübergreifende Drapiersimulation unter Berücksichtigung der Membranspannungen anzustreben, die den entscheidenden Baustein für die oben beschriebene Prozesskette bildet. Aktuell bestehen für ORW-Textilien jedoch keine entsprechenden Modelle, die das besondere Verhalten der textilen Konstruktion exakt abbilden können. Ziel ist daher die Modellentwicklung und die simulationsgestützte Charakterisierung der textilphysikalischen Eigenschaften eines ORW-Gewebes und die vergleichende Betrachtung zu einem bestehenden Leinwandgewebe. Zudem soll eine experimentelle Validierung des Ansatzes mit den gesetzten Randbedingungen durchgeführt werden.

4.2.3 Beschreibung der im Digitalen Prototyp verwendeten Materialien

Zur Entwicklung der Simulationsmethodik werden drei verschiedene Halbzeuge eingesetzt. Ein 48301C Kohlenstofffasergewebe der Firma Hexcel („Referenzgewebe“) dient der Referenzbildung zum ORW-Gewebe. Als ORW-Gewebe wird ein Glasfasergewebe eingesetzt, das eine 2/1 Leinwandbindung aufweist und in das Diagonalfäden unter ± 41° eingearbeitet sind. Um den Effekt der Diagonalfäden auch aus den Untersuchungen ausschließen zu können, wird zudem das Grundgewebe separat untersucht. Somit ist einerseits die Vergleichbarkeit des ORW-Gewebes zu einem Referenzgewebe gegeben – andererseits aber auch der Einfluss der Diagonalfäden bestimmbar (Abb. 4.15).

4.2.4 Methodik und Vorgehen

Ein Ansatz zur Lösung liegt in einer skalenübergreifenden und materialkongruenten Simulationsmethode. Das Verstärkungselement wird beginnend von seinem kleinsten Einheitskörper, dem Filament (mikroskopische Skala), über das Faserbündel (mesoskopische Skala) bis hin zum Halbzeug (makroskopische Skala) beschrieben. Dabei wird die feinskaligere Charakterisierung jeweils zur Bereitstellung von Materialkennwerten für die nächsthöhere Skalenstufe genutzt. Mit diesem Vorgehen ist eine geschlossene digitale Prozesskette für die textile Simulation gegeben, die lediglich eine Charakterisierung der Basiskomponente eines jeden Faserverbundhalbzeugs benötigt, der Faser.

		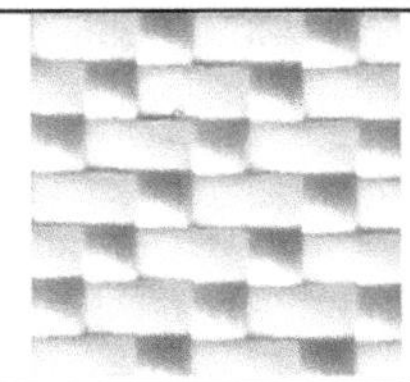	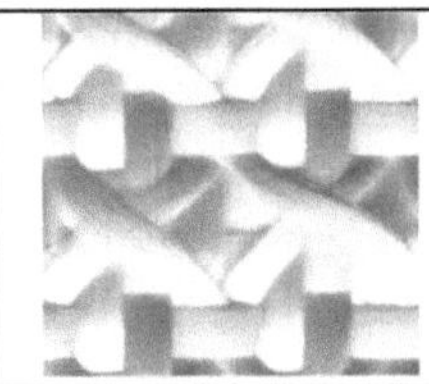
	Referenzgewebe	Grundgewebe	ORW-Gewebe
Bindung	Leinwand 1/1	Köper 2/1	Köper 2/1; ORW ±41°
Kettfaden	CF 800tex 12K-T700SC	GF 600tex	GF 600tex
Kettfadendichte (Fäden/cm)	2,5	6,0	6,0
Schussfaden	CF 800tex	GF 600tex	GF 600tex
Schussfadendichte (Fäden/cm)	2,5	5,5	5,5
ORW-Faden	—	—	GF 300tex
ORW-Fadendichte (Fäden/cm)	—	—	2,0
Binder	Hexcel E01	—	—
Flächengewicht (g/m²)	330	700	830

Abb. 4.15 Beschreibung der im Digitalen Prototyp verwendeten Versuchshalbzeuge

Die durchgeführten Teilschritte zur Bearbeitung sind folgend aufgeführt:

- Materialcharakterisierung
- Reibkennwertermittlung an textilen Faserbündeln
- Multi-Bar-Modellierung der textilen Einheitszelle
- Drapiersimulation auf mesoskopischer und makroskopischer Skala
- Teststandkonstruktion und Aufbau
- Experimentelle Versuchsdurchführung und Validierung an einer Sitzkonsole

Zur Validierung der Simulationsergebnisse wurden weitere Materialcharakterisierungen vorgenommen:

- Zugprüfung am Textil
- Biegesteifigkeitsprüfung am Faserbündel und Textil
- Scherprüfungen mit und ohne Membranspannungen

4.2.5 Materialcharakterisierung

Die Materialcharakterisierung dient einerseits der Bereitstellung notwendiger textilphysikalischer Eingangswerte für die Simulation, andererseits zur Validierung der mikroskopischen Simulationen. Alle drei Textilien wurden bezüglich ihrer Verarbeitung und ihres

Scherverhaltens auf einen dominanten makroskopischen Verformungsmechanismus hin untersucht. Zudem wurden die Faserbündel des ORW-Gewebes und des Kohlenstofffasergewebes auf ihre dynamischen und statischen Reibwerte hin untersucht, um Eingangswerte für die mikroskopische und mesoskopische Simulation abzuleiten. Des Weiteren wurden Zugprüfungen am ORW- und am Grundgewebe durchgeführt.

4.2.5.1 Axiales Zugverhalten

Die axialen Zugeigenschaften gehören zu den notwendigen Parametern für die numerische Materialbeschreibung. Aus diesem Grund wurde das Grundgewebe in Kett- (0°, Proben 1–7) und Schussrichtung (90°, Proben 91–97) untersucht. Die Probengröße entspricht mit 250 × 50 mm^2 und einer Einspannlänge von 200 mm der DIN EN ISO 13934-1.

Bei geringer Dehnung tritt vorrangig eine Reduktion der Ondulation auf, wobei die Zugkraft nur langsam steigt. Sobald die Faserbündel gestreckt vorliegen, dominiert das Materialverhalten der Fasern und die Zugkraft steigt bis zum Bruch. Die Mittelwertkurven wurden zudem in der Materialkarte der makroskopischen Modellierung verwendet. Die Simulationsergebnisse des Zugversuchs mit dem Materialmodell MAT_249 in LS-DYNA zeigen gute Übereinstimmung mit den Versuchsergebnissen.

4.2.5.2 Scherverhalten

Scherung ist der dominierende Verformungsmechanismus von mehrachsigen Verstärkungshalbzeugen zur Darstellung von doppelt gekrümmten Strukturen. Eine präzise Charakterisierung ist daher von besonders hoher Bedeutung. Zur Schercharakterisierung wurde der Scherrahmenversuch aufgrund der Einstellbarkeit der Einklemm- und Randbedingungen verwendet. Gerade die Einleitung von Membranspannungen ist hier mit einem speziellen Aufbau möglich, wie er in Abb. 4.16 gezeigt ist.

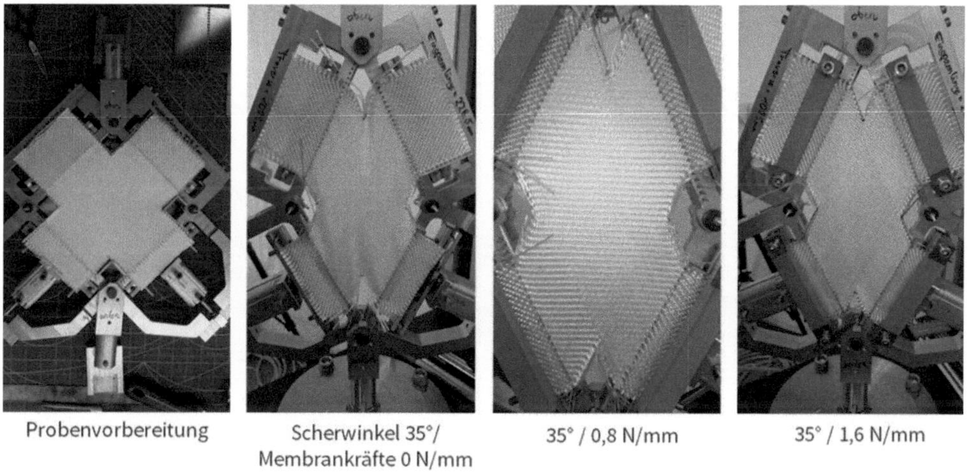

Abb. 4.16 Bestimmung des membranspannungsabhängigen Scherverhaltens

Die Scherversuchskennwerte für das Referenzgewebe lagen aufgrund von bereits durchgeführten Versuchen vor. Entsprechend wurden nur das ORW-Grundgewebe und das ORW-Gewebe geprüft. Beim ORW-Grundgewebe zeigte sich aufgrund der dichten Webung ohne Membranspannung eine frühzeitige Faltenbildung. Dies ist auf interne Druckkräfte in Folge der Scherung zurückzuführen. Die Applikation von 0,8 N/mm Spannung pro Halbzeugachse (in Kett- und Schussfaden) führte jedoch bereits zu faltenfreien Verscherungen bis in hohe Scherwinkel von 35°. Eine Steigerung der Membranspannungen führte aufgrund der erhöhten Reibung an den Kontaktstellen zwischen Kett- und Schussfäden zu einer Steigerung der notwendigen Verscherkräfte (siehe Abb. 4.17).

Um den Aufwand einer FE-basierten Drapiersimulation für frühe Konstruktionsphasen zu vermeiden, kann auf kinematische Drapiersimulationen zurückgegriffen werden. Unter den Annahmen von Inkompressibilität in Querrichtung, nicht-dehnbarkeit in Längsrichtung der Fasern und glatter Drapierung auf der Werkzeugoberfläche, betrachtet diese Simulationsmethode ein stark vereinfachtes Verformungsmodell das lediglich einen „kritischen Scherwinkel" als Vergleichsgröße zur Bewertung der Drapierbarkeit benötigt. Dieser Eingangsparameter kann aus den Scherkraft-Scherwinkel-Kurven mit der Tangentenmethode abgeleitet werden. Für das ORW-Grundgewebe liegt dieser im membranspannungsfreien Zustand bei 24° und bis zu 28° für den höchsten Membranspannungszustand von 2,4 N/mm.

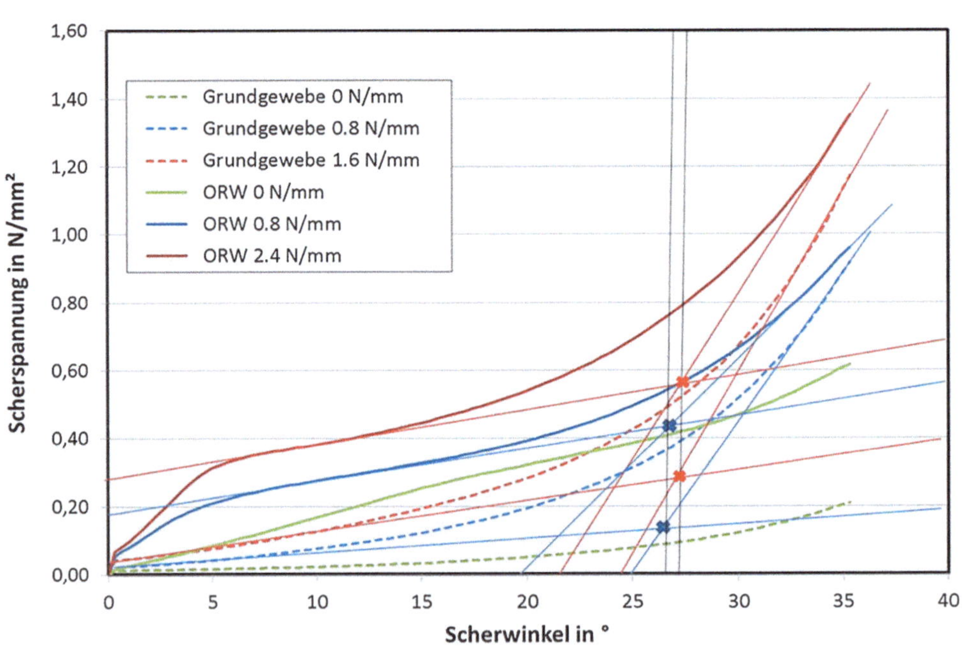

Abb. 4.17 Normierte, membranspannungsabhängige Scherkraft aufgetragen über den Scherwinkel für das ORW-Grundgewebe und das ORW-Gewebe

Abb. 4.18 Schercharakterisierung am ORW-Gewebe im membranspannungsfreien (links) und spannungsapplizierten Zustand (rechts)

Eine Steigerung der Scherkräfte bei steigenden Membranspannungen (Abb. 4.17) ist auch bei der Scherprüfung (Abb. 4.18) des ORW-Gewebes zu erkennen. Bereits bei geringen Verscherungen des ORW-Gewebes ist eine deutliche Schlaufenbildung der Diagonalfäden zu erkennen. Dieser Effekt ist von Bedeutung, da dies zu einer deutlichen Reduzierung der Tragfähigkeit in Richtung des Diagonalfadenverlaufs im Textil führt. Dieser Effekt kann nicht von kinematischen oder klassischen makroskopischen Simulationsmodellen abgebildet werden, sodass ausschließlich mesoskopische und mikroskopische Modelle zur hinreichend genauen Abbildung der Faserumlagerungen in ORW-Geweben verwendet werden können.

4.2.5.3 Biegeeigenschaften am Faserbündel und im Grundgewebe

Die Kenntnis der Biegeeigenschaften, ist für das genaue Abbilden von Verformungen von Textil und Faserbündel aus der Ebene wichtig. Die experimentellen Ergebnisse dienen sowohl für die Bestimmung der Materialmodellierung auf der mesoskopischen Skala, als auch für die Modellvalidierung auf der makroskopischen Ebene. Das Grundgewebe und die Glasfaserbündel wurden in Anlehnung an DIN53362 mit dem Cantilever-Prüfstand geprüft. Hierbei wurde die Probengröße der Gewebeproben auf 500 × 70 mm^2 vergrößert, bei den Faserbündelprüfungen wurden Einzelfaserbündel geprüft.

4.2.5.4 Reibwerte der Faserbündel und des Grundgewebes

Als Eingangsparameter für die mesoskopischen Simulation wird die Haft- und Gleitreibung zwischen den Filamenten in einem Faserbündel gemessen. Als Prüfverfahren wird hierbei die Methode der schiefen Ebene für die Haftreibung μ_{stat} genutzt. Gleitreibwerte μ_{dyn} wurden der Literatur und internen Erfahrungswerten entnommen. Die Ergebnisse sind in Abb. 4.19 dargestellt.

	μ_{stat}	μ_{dyn}
Glasfaserbündel	0,26	0,19
Kohlenstofffaserbündel	0,16	0,10

Abb. 4.19 Messprüfstand zur Bestimmung der Haftreibung technischer Filamente

4.2.6 Mikroskopische Modellierung des textilen Verformungsverhaltens

Die mikroskopische Modellierung dient der Generierung von Einheitszellen der jeweiligen Halbzeuge, aus der sich simulativ Scherkennwerte erzeugen und zu den experimentellen Kennwerten vergleichen lassen. Hierfür erfolgt die Diskretisierung des Faserbündels mittels mehrerer parallel liegender Stränge von Balkenelementen (Beam-Chain). Es werden hier die Ergebnisse der Untersuchungen am Referenzgewebe präsentiert, wobei der einseitig aufgebrachte Thermoplastbinder auf dem Halbzeug nicht modelliert wurde. Für die Beschreibung der Einheitszelle wurden textilspezifische Kennwerte über eine optische Vermessung, die Analyse der Einarbeitung und der Reibkennwerte der Faserbündel zugrunde gelegt.

4.2.6.1 Simulationsprinzip und Modellbildung

Da das 12k-Faserbündel aus 12.000 Einzelfilamenten besteht, wurde ein Beam-Chain Ansatz [1] gewählt, bei der dieser aus 80 Einzelbalken (Belytschko-Schwer-Beam-Elemente) aufgebaut wird, die sowohl Zug- als auch Biegekräfte aufnehmen. Die dichteste Packung und der tragende Querschnitt des Modellfaserbündels entspricht dabei dem des Realfaserbündels – unabhängig von der Diskretisierung des Faserbündels. Mit diesen Faserbündelsubstituten wurde nach der Methode der Relaxationssimulation unter Erreichung eines statischen Gleichgewichts (Abb. 4.20) unter periodischen Randbedingungen eine Einheitszelle erzeugt, die wiederum zur Abbildung der Verformung unter Schubbelastung (Abb. 4.21) genutzt wurde. Die für das Referenzgewebe entwickelte simulative Einheitszelle wurde mit einem Schliffbild des Gewebes verglichen und zeigte eine gute Übereinstimmung. Nicht berücksichtigt werden konnte mit dieser Methode die erhöhte Kompaktierung des Schussfadens durch den Blattanschlag in der Webmaschine. Entsprechend ist die geometrische Übereinstimmung von Simulationsergebnis mit dem Schliffbild der Kettfäden höher. Zudem liegen entgegen der Modellannahmen die Filamente im Faserbündel nicht in der dichtesten Packung vor, was sich in leichten Abweichungen im Querschnitt widerspiegelt. Diese stochastische Verteilung lässt sich simulativ allerdings nur begrenzt sinnvoll umsetzen.

4.2.6.2 Modellvalidierung des Scherverhaltens an der Gewebeeinheitszelle

Zur Validierung der Einheitszelle wurde eine Scherung auf dem umlaufenden Rand aufgebracht. Eine Verscherung der Einheitszelle war trotz komplexer Interaktionen und Reibbedingungen bis zu 80° Scherwinkel möglich (vgl. Abb. 4.21). Aufgrund

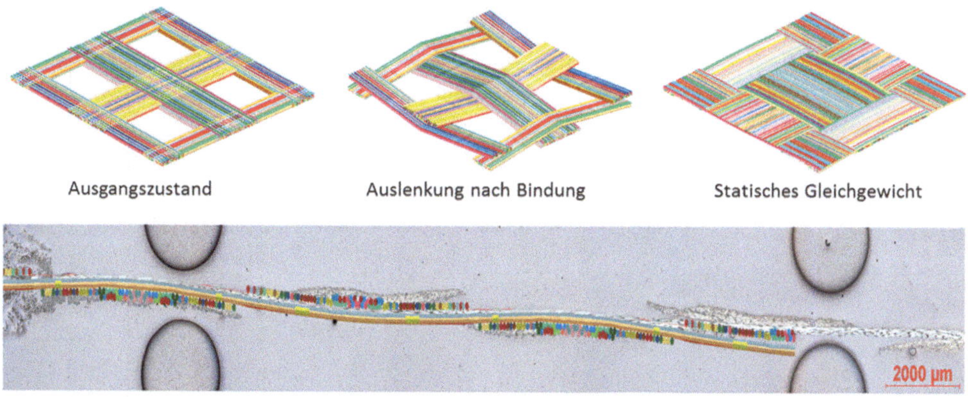

Abb. 4.20 Generierung einer Einheitszelle aus Beam-Chain-Elementen und einer Relaxierungssimulation (oben) und einem Abgleich mit realem Schnittbild am Kohlenstofffaser-Referenzgewebe

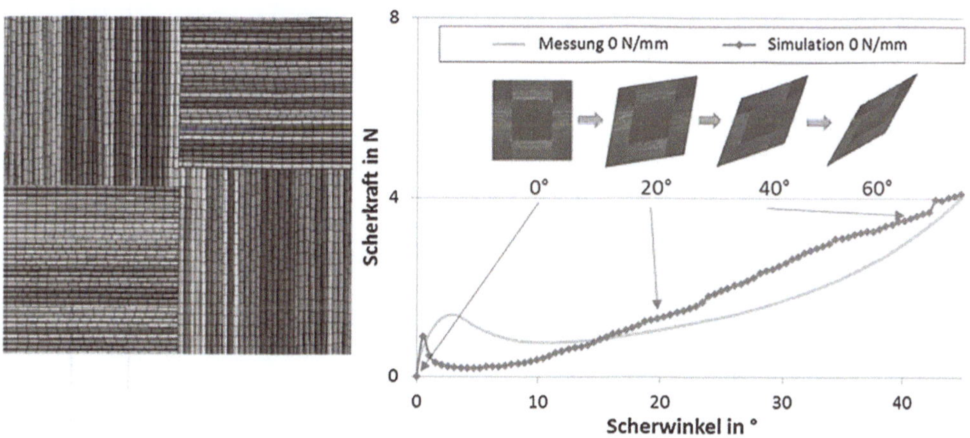

Abb. 4.21 Vergleich der simulativ (Mikromodell links mit 21.760 Beam-Elementen) ermittelten Scherkurven gegenüber experimentellen Versuchsergebnissen mit dem Scherrahmen

der abweichenden Randbedingungen trat hier keine Faltenbildung in der Einheitszelle auf. Die Gesamtenergie, die im System für die Verformung gebraucht wird, ist als elastische Scherenergie anzusehen und wurde über entsprechende Ausgaben (Sliding energy, internal energy, kinetic energy, total energy) ausgewertet. Zudem lassen sich aus der Energie bzw. der geleisteten Arbeit auch die Scherspannung und Scherkraft über den jeweiligen Winkel errechnen. Es zeigt sich auch hier ein deutlicher, exponentieller Anstieg der Energiekurven, die auf höhere Reibungen und Kontakte mit steigender Scherung zurückzuführen sind. Somit erscheint das Modell valide.

4.2.6.3 Membranspannungen an der Gewebeeinheitszelle

Zur Umsetzung der Membranspannungen wurden zur Analyse der Robustheit des Modells am Rand der Einheitszelle verschiedene Kraftamplituden aufgebracht und die Kraftverteilung analysiert. Hierbei zeigte sich durch die elliptische Form und die Eigenspannungen der Einheitszelle eine Kraftkonzentration am Rand der Faserbündel. Aufgrund der asymmetrischen Konstruktion (Kett- und Schussfadendichte) zeigte sich zudem eine asymmetrische Belastung. Die entwickelten Modelle erlauben somit auch Grundlagenanalysen, welche experimentell nicht möglich wären (Abb. 4.22).

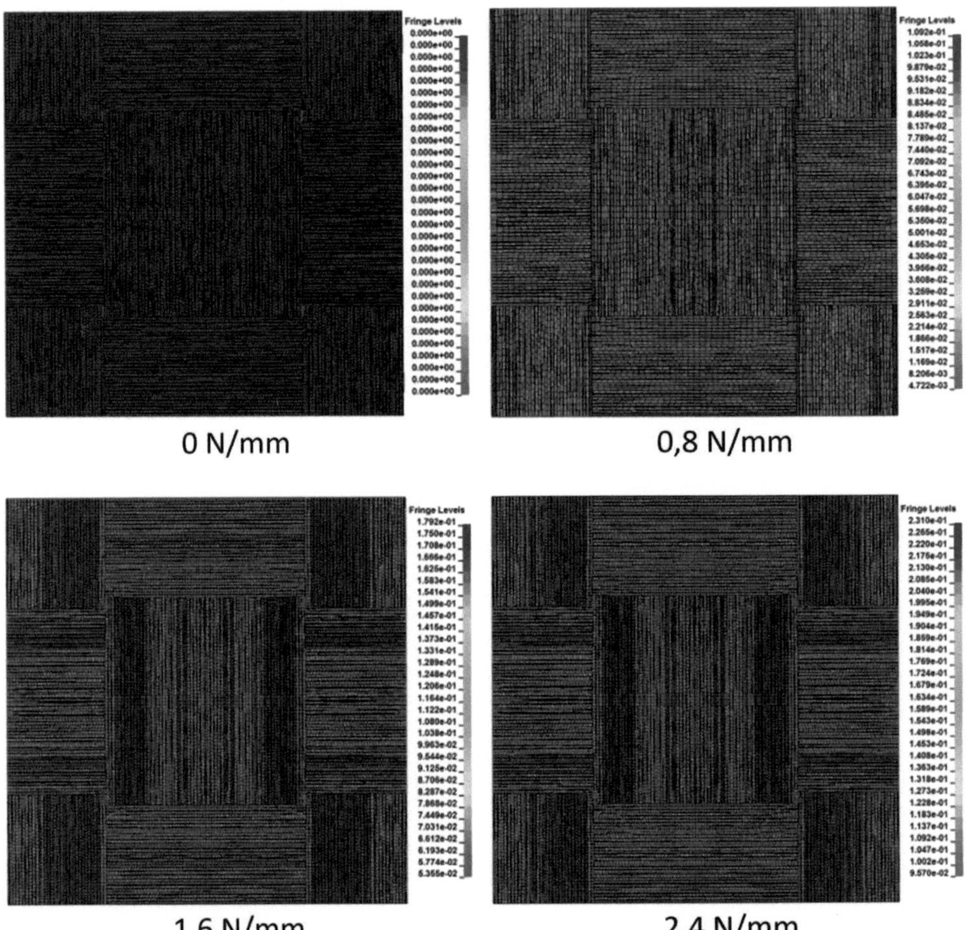

Abb. 4.22 Simulative Membranspannungsinduzierung an einer mikroskopischen Einheitszelle

Die Auswertung der Scherkraft-/Scherwinkelkurven zeigte eine gute Übereinstimmung zu experimentellen Kurven für membranspannungsfreie Konstellationen. Die Schersimulationen unter Membranspannung stellten sich jedoch aufgrund von Instabilitäten als numerisch herausfordernd dar. Auch die Varianz der Lastinkremente konnte keine zufriedenstellenden Ergebnisse liefern. Die Simulation mit Membranspannungen ist derzeit somit noch nicht aussagefähig und bedarf weiterer Forschungsanstrengungen.

4.2.6.4 Modellgenerierung für ORW-Grundgewebe und ORW-Gewebe

Analog zur Modellgenerierung des Kohlenstofffaserreferenzgewebes erfolgte die Erstellung der Einheitszelle für das ORW-Grundgewebe. Allerdings führte die komplexere Köperbindung zu einem größeren Modell. Die Generierung der Zelle über Relaxation und die Verscherung bis 50° Scherwinkel erfolgte problemlos. Allerdings führte die komplexere Bindung zu einer verschlechterten Abbildungsgüte der experimentellen Scherversuche. Der Trend des Kurvenverlaufs ist zwar erkennbar, allerdings wird die Kraftamplitude falsch vorhergesagt. Die Membranspannungen erhöhen die Scherkraftkurven nur marginal. Die Abbildungsgüte der membranspannungsinduzierten Konstellationen zeigten auch hier erwartungsgemäß keine Verbesserungen.

Die Erzeugung der Einheitszelle des ORW-Gewebes war durch die Diagonalfäden zwar erschwert, gelang im Relaxationsverfahren aber ebenfalls (siehe Abb. 4.23). Die Einarbeitung der Diagonalfäden ist leicht unterdimensioniert, kann aber als ausreichend angenommen werden. Der experimentelle Scherversuch für das ORW-Gewebe zeigte einen deutlich lineareren Verlauf als die orthogonalen Gewebetypen, da die diagonal verlaufenden Multiaxialfäden auf Zug und nicht auf Scherung belastet werden, was mit dem Verhalten eines quasi-isotropen Lagenaufbaus eines mehrlagigen Verbunds vergleichbar ist. Der simulative Scherversuch an der Einheitszelle sagte sowohl die Verlaufsform als auch die Krafthöhe sehr gut voraus. Bei der Verscherung der Einheitszelle konnte sowohl das Aufstellen des sich verkürzenden Diagonalfadens, als auch der Auszug des langen Diagonalfadens dargestellt werden.

Abb. 4.23 Generierung der Einheitszelle des ORW-Gewebes durch das Relaxationsverfahren

4.2.6.5 Ableitung eines kritischen Scherwinkels aus dem mikroskopischen Textilmodell

Es zeigt sich, dass die Einheitszelle eine ausreichende Aussagegüte für die Generierung der Scherverformung erreicht. Es bestehen zwar Abweichungen von der gemittelten experimentellen Kurve, jedoch ist darauf hinzuweisen, dass diese erfahrungsgemäß selbst große Streuung aufweisen und in großem Maße abhängig von Charakterisierungsrandbedingungen, wie der Membranspannung sind. Der ermittelte kritische Scherwinkel beträgt 22° für das Grundgewebe, welcher wiederum eine entscheidende Kenngröße für die umformgerechte Konstruktion von Bauteilen darstellt und über das Verfahren gut im Tangentenverfahren erfasst werden kann. Die Differenz von 2° zum experimentell ermittelten kritischen Scherwinkel ist für diesen Anwendungsfall und aufgrund der grundsätzlich geringen Aussagekraft des Kennwerts ausreichend genau.

4.2.7 Mesoskopische Drapiersimulation

Die mesoskopische Simulation erfolgte durch die Diskretisierung der Faserbündel mit Schalenelementen. Der elliptische Faserbündelquerschnitt wurde durch eine Variation der Elementdicke umgesetzt. Die richtungsabhängigen Eigenschaften wurden durch ein anisotropes Materialmodell und den Kennwerten eines unidirektionalen Faserbündels berücksichtigt. Die Einheitszellengenerierung konnte wieder durch das Relaxationsverfahren durchgeführt werden. Der Austrag zum Textil erfolgte durch Vervielfältigung der Einheitszelle. Auch die Scherung der Einzelzellen konnte erfolgreich durchgeführt werden. Zudem erfolgte eine Validierung im simulativen Zugversuch. Hier konnte auch die Streckung des Faserbündels im Gewebe demonstriert werden.

4.2.7.1 Validierungen der mesoskopischen Modelle

Bei der Validierung des mesoskopischen Modells für das ORW-Gewebe zeigte sich bei den Verscherungen an der Einheitszelle, dass es schon bei geringen Scherwinkeln von 25° zu Schlaufenbildungen kommt, die auf die Druckbereiche des Textils zurückzuführen sind. Diese Feststellungen decken sich mit den experimentellen Erkenntnissen aus den Scherversuchen.

4.2.7.2 Mesoskopische und makroskopische Drapiersimulation am Zielbauteil

Als Zielbauteil für die Drapierbarkeitsanalysen wurde eine Sitzkonsole aus einem Fahrzeug ausgewählt, siehe Abb. 4.24. Diese weist sowohl einfach- wie doppeltgekrümmte Bereiche auf, die beide für die Drapierbarkeit relevant sind. Zudem besteht an der Innenseite des Bauteils ein Anbindungspunkt, der sich für eine lokale Verstärkung mit Multiaxialfäden des ORW-Gewebes eignet.

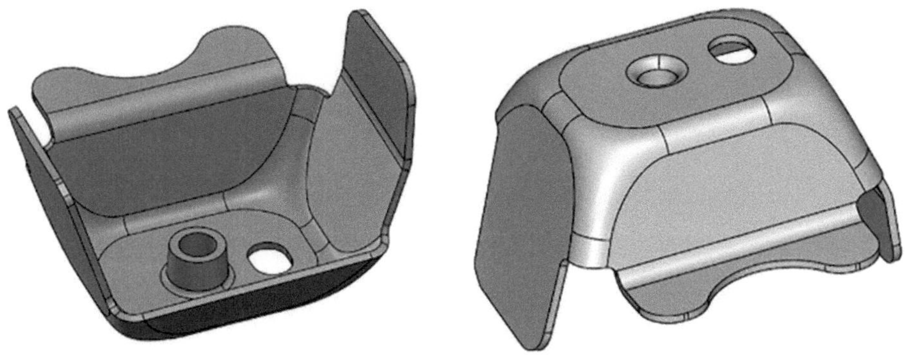

Abb. 4.24 Sitzkonsole als Zielbauteil für die Drapierbarkeitsstudien mit ORW Gewebe

Die Drapiersimulation wurde mit dem Materialmodel des ORW-Gewebes, sowohl mit der makroskopischen als auch mit der mesoskopischen Simulationsmethode durchgeführt. Die makroskopische Methode wurde benutzt, um den Zuschnitt und das Umformkonzept zu ermitteln. Dank der besseren Beschreibung der charakteristischen Effekte bei der Umformung, wie z. B. das Gleiten der Diagonalfäden des ORW-Gewebes während der Scherung, kann das Umformkonzept anschließend mit der mesoskopischen Methode verifiziert werden.

4.2.8 Makroskopische Drapiersimulation

Entscheidendes Merkmal des Materialmodells sind die unabhängigen Deformationsmechanismen zwischen Biegesteifigkeit und Zugsteifigkeit und die Implementierung nichtlinearer Materialeigenschaften (z. B. nichtlineare Schubsteifigkeiten als Funktion von Scherwinkel und Membranspannung).

Das membranspannungsabhängige Scherverhalten wurde über einen Green-Lagrange-Verzerrungstensor implementiert und über eine Zielfunktion mit Korrekturkoeffizienten angepasst. Zur Validierung wurden die experimentellen Scherverläufe herangezogen, wobei sich eine gute Übereinstimmung ergab.

Das zugrundeliegende Modell der makroskopischen Simulation basiert auf dem Teststandkonzept zur experimentellen Validierung. Es beinhaltet das Ober- und Unterwerkzeug als Schalenmodellierung sowie eine Niederhalterplatte und das textile Halbzeug (links in Abb. 4.25). Es wurden mehrere Iterationen durchgeführt, bis für die 0° und 45° Ausrichtung des ORW-Grundgewebes und des ORW-Gewebes ein faltenfreier Zuschnitt ermittelt werden konnte.

Anschließend erfolgte die Umformsimulation mit den Zuschnitten aus der mesoskopischen Simulation sowohl in 0° als auch in 45° Orientierung für das Grundgewebe und das ORW-Gewebe (Abb. 4.26).

Die mesoskopische Simulation erlaubt es, die Zuschnitte und die faltenfreie Umformung des ORW-Gewebes zu verifizieren. Es zeigte sich, dass sich in den am stärksten

Abb. 4.25 Makroskopische Drapiersimulation am Zielbauteil

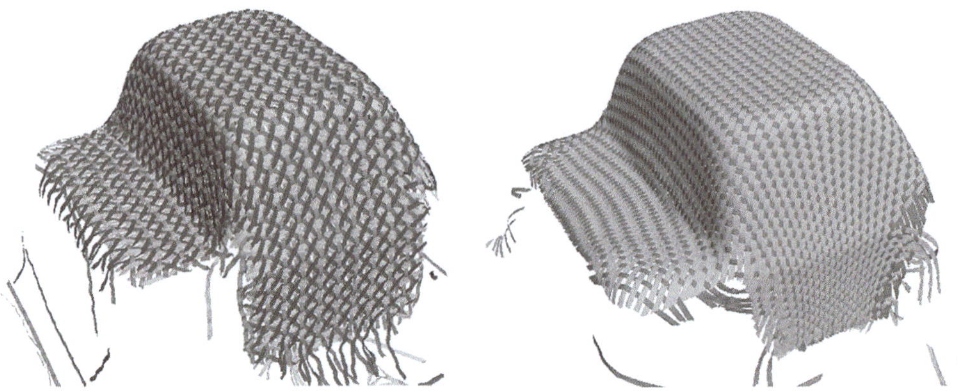

Abb. 4.26 Ergebnis der Meso-Skalen-Simulation. Links für ORW-Gewebe, rechts mit Grundgewebe jeweils mit Randfaserablösungen und Verscherungen in doppelt gekrümmten Bereichen

gescherten Bereichen der ORW-Fäden Schlaufen bilden. Dieses Ergebnis bestätigt die Fähigkeit des mesoskopischen Modells entscheidende Effekte der Umformsimulation zu prognostizieren. Daraus ergibt sich ein signifikanter Vorteil gegenüber der makroskopischen Simulation, in der diese Effekte keine Berücksichtigung finden, ohne den zusätzlichen Berechnungsaufwand des mikroskopischen Modells in Kauf nehmen zu müssen. Die Schlaufenbildung zeigt sich auch in der Umformsimulation am Zielbauteil. Je nach Lage werden diese in Umformschritten vom Werkzeug wieder flach gedrückt, mindern aber trotzdem das Tragvermögen des Textils erheblich.

4.2.8.1 Validierung mit experimentellen Drapierversuchen

Die Validierung der Simulationsmodelle erfolgt über Drapierversuche und den Abgleich zu den Drapiersimulationsergebnissen. Hierzu wurden aus den Bauteildaten zunächst Werkzeuge abgeleitet und diese dann aus Epoxidplatten gefräst. Für die reproduzierbare Umformung ohne Querversatz wurden die Werkzeuge in einer Vorrichtung mit Führungselementen montiert (Abb. 4.27). Der große Abstand der Führungsstäbe sichert eine parallele Führung. Zudem wurde eine Niederhalterplatte vorgesehen durch die das Oberwerkzeug hindurchtauchen kann. Über Markierungen auf dem Unterwerkzeug wurde sichergestellt, dass die textilen Lagen stets die gleiche Ausgangskonfiguration wie in der Simulation erfahren. Hiermit sind auch für das Textil reproduzierbare Randbedingungen gegeben und die Vergleichbarkeit der Simulations- und Versuchsergebnisse ist sichergestellt.

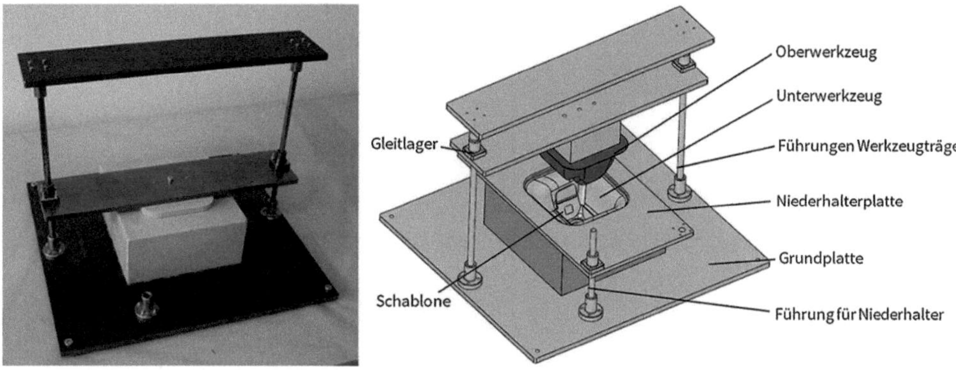

Abb. 4.27 Experimenteller Drapieraufbau mit Niederhalterplatte

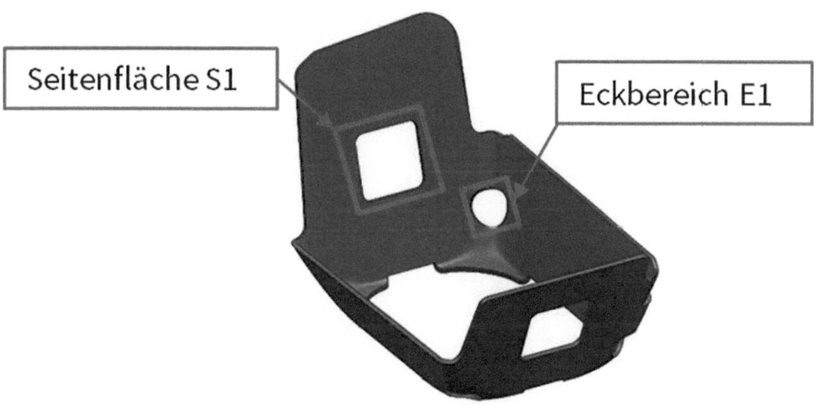

Abb. 4.28 Schablone, hergestellt im 3D-Druckverfahren zur Bestimmung der Faserorientierungen an Zielbereichen

Zur Erfassung der Scherwinkel wurde eine dreidimensional gedruckte Schablone eingesetzt (Abb. 4.28). Diese weist in den zu untersuchenden Bereichen Aussparungen auf. Somit kann der Messpunkt einfach lokalisiert werden. Mit der Kamera aufgenommene Bilder der Bereiche wurden in einer Bildbearbeitungssoftware ausgewertet (Abb. 4.29). Hierbei konnten die Kanten der Aussparungen gut als Referenzkanten genutzt werden. In gleicher Weise wurden die Ergebnisse der mesoskopischen Drapiersimulation mit einem CAD-Modell der Schablone ausgemessen und mit den experimentellen Werten verglichen. Im Bereich der Seitenfläche S1 werden die Faserorientierungen erfasst, im doppelt gekrümmten Eckbereich E1 hingegen die Scherwinkel.

Insgesamt wurden neun Drapierversuche durchgeführt, wobei das ORW-Grundgewebe in den Ausrichtungen 0/90° und +/– 45° drapiert und ausgewertet wird, das ORW-Gewebe hingegen nur in der 0° Ausrichtung, da es aufgrund der quadraxialen Konstruktion und den Ergebnissen aus der mesoskopischen Simulation nur begrenzte Abweichungen erwarten lässt.

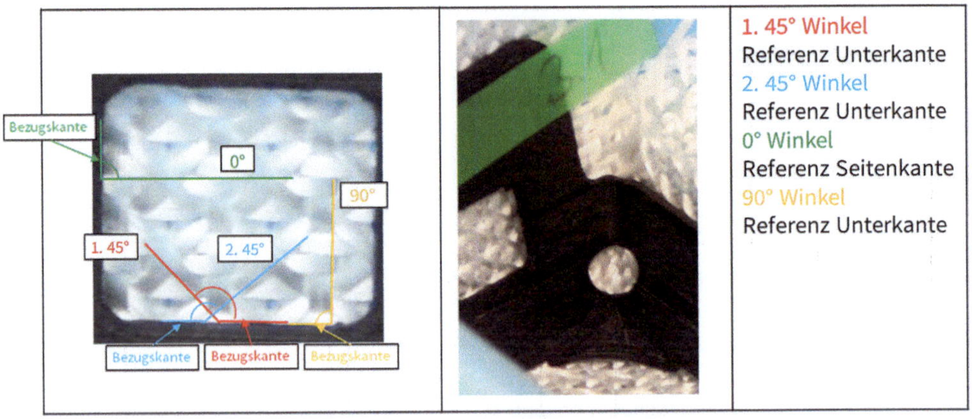

µ1.45Winkel [°]	µ2.45Winkel [°]
139.1	142.4

µ0 [°]	µ90 [°]
89.9	89.8

Abb. 4.29 Beispielhafte Versuchsauswertung mit Faserwinkelbestimmung

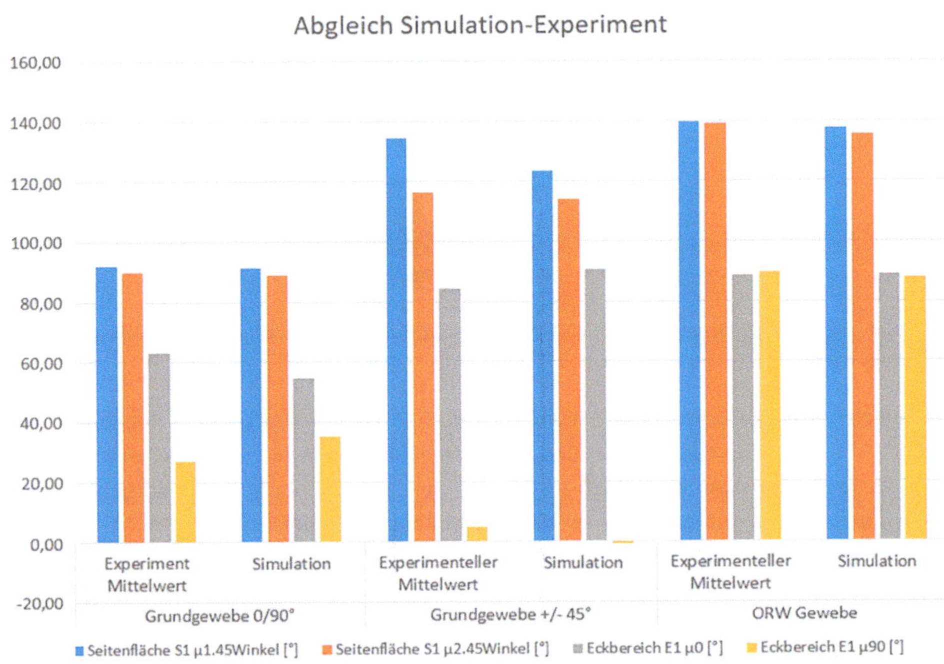

Abb. 4.30 Vergleich experimenteller und simulativer Faserorientierungen

Die Ergebnisse des Vergleichs (siehe Abb. 4.30) der simulativen und experimentellen Ergebnisse zeigen trotz der komplexeren Textilarchitektur gute Ergebnisse, insbesondere für das ORW-Gewebe. Dies ist auf den höheren Grad an Isotropie des Halbzeugs zurückzuführen, die textilspezifische Verformungsmoden wie die Scherung und das Fasergleiten weitgehend verhindert. Der Umformmechanismus ist somit stärker durch Streckungen und das Einklappen dominiert. Aber auch für das Grundgewebe ist die Aussagegüte höher als vor Projektbeginn vermutet wurde. In anderen Drapiersimulationen zeigte sich hier eine größere Abweichung in Bereichen die einer Scherung unterliegen, womit wieder auf die generell schwierige Abbildung textilspezifischer Verformungsmechanismen geschlossen werden kann. Die Ergebnisse können allerdings als ausreichend präzise für eine Überführung in die Struktursimulation gelten, insbesondere da die Streuung der Umformergebnisse selbst in der Serienfertigung oft im Bereich von +/– 5° liegt und diese Streuung auch Berücksichtigung erfahren muss.

4.2.9 Schlussfolgerungen

Die im Rahmen der Drapiersimulation durgeführten Arbeiten zeigen, dass eine digitale Materialcharakterisierung beginnend von der Faser, bis hin zum Bauteil, in verschiedenen Skalen zur Bestimmung des Drapierverhaltens erfolgen kann und hiermit auch komplexere Textilaufbauten wie das ORW-Gewebe hinreichend genau abgebildet werden können. Hiermit kann eine solide Überführung in die Struktur- und Füllsimulation (z. B. RTM) erfolgen. Trotzdem bleibt gerade die detailgetreue Abbildung der Kerncharakteristiken des ORW-Gewebes – die maßgeschneiderte Verstärkungs- oder Funktionsgarnorientierung – eine herausfordernde Aufgabe, die noch nicht vollumfänglich gelöst ist.

Zurückzuführen ist dies einerseits auf die weiterhin bestehenden Probleme in der Abbildungsgüte prozessspezifischer Umformfaktoren wie der Membranspannung. Hier zeigte sich, dass die Modellbildung noch nicht hinreichend stabil erfolgt. Zudem ist die getroffene Vereinfachung im Reibungs- und Interaktionsmodell wegen der Komplexität des Gleit- und Blockadeverhaltens in den Textilien bei der Umformung nicht ausreichend. Die Entwicklung richtungs- und zustandsabhängiger Reibungsmodelle und die Implementierung in die Simulation bleibt somit eine zu entwickelnde Notwendigkeit. Ein ebenfalls komplexes Interaktionsverhalten liegt zwischen den Werkzeugen und den Textilien sowie der Textilien zueinander vor. Darüber hinaus wurden hier Vereinfachungen durch den Wegfall von temperaturabhängiger Bindereinflüsse vorgenommen, die so nicht der industriellen Fertigung entsprechen.

4.3 Multiaxialwebtechnologie – Open Reed Weaving

Florian Fritz, Hermann Finckh, Albrecht Dinkelmann und Götz T. Gresser

In diesem Kapitel wird sich der ORW-Prozessmodellierung gewidmet. Am Anfang werden die Grundlagen erläutert, woraufhin die ORW-Prozesssimulation im Detail erklärt wird.

4.3.1 Die Webtechnik

Die Multiaxialwebtechnik mit nach oben offenen Webblatt (engl. Open Reed Weave, kurz ORW) ermöglicht das Einbringen von zwei zusätzlichen Kettfadensystemen unter einem nahezu beliebigen Winkel gegenüber dem konventionellen 0°/90°-Gewebe. Das Einweben der zusätzlichen Fadensysteme setzt jedoch die Bildung eines herkömmlichen Gewebes voraus, das im Folgenden als Grundgewebe bezeichnet wird. Das Grundgewebe dient als Trägermaterial für die Multiaxialfäden, sodass das Verfahren häufig auch als Stickweben bezeichnet wird. Abb. 4.32 zeigt ein ORW-Gewebe und Abb. 4.31 das zugehörige Grundgewebe.

Abb. 4.31 (a) Grundgewebe

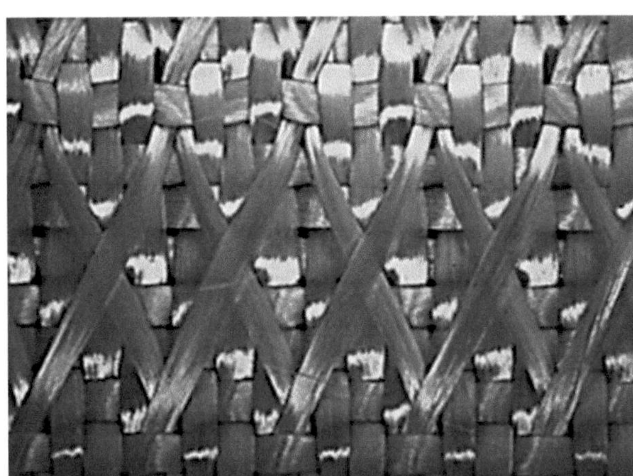

Abb. 4.32 (b) ORW-Gewebe

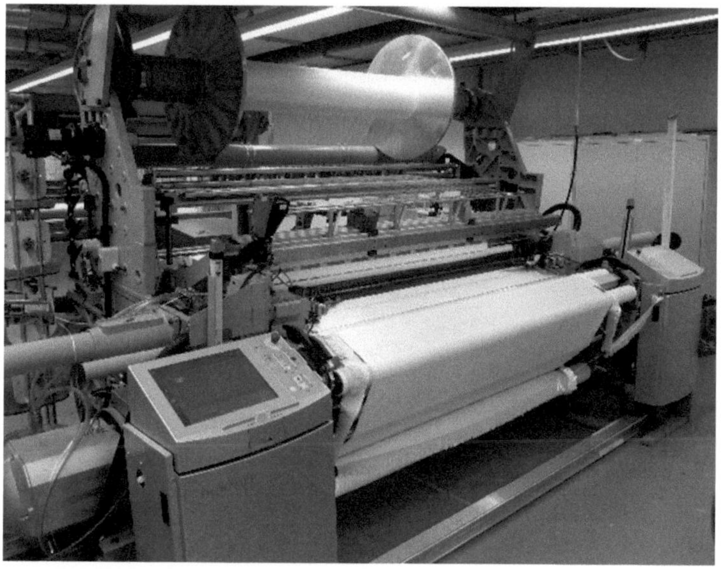

Abb. 4.33 Dornier ORW-Webmaschine am DITF

Die Gewebebildung auf einer Webmaschine findet im exakten Zusammenspiel mehrerer Komponenten statt. Dabei basiert die ORW-Webmaschine (Abb. 4.33) auf einer herkömmlichen Schaftwebmaschine, die um die ORW-spezifische Komponenten erweitert wurde. Diese Komponenten bestehen zum einen aus den zwei auf einer horizontalen Achse verschiebbaren ORW-Einheiten, die es ermöglichen die zwei weiteren Fadensysteme unter einem definierten Winkel zu Kette (0°) und Schuss (90°) in das Gewebe mit einzubringen und zum anderen aus einem nach oben offenen Webblatt. Dabei ermöglicht das nach oben offene Webblatt, dass die ORW-Fäden an ihrer aktuellen Position aus dem Gewebe herausgenommen und an einer anderen Position wieder eingesetzt werden können. Durch den horizontalen Versatz entsteht, je nach Abstand der Einbindepunkte, ein diagonaler Verlauf der Fäden.

Die zugrundeliegende Schaftwebmaschine besteht aus einer Webmaschine und einer Schaftmaschine, die über eine mechanische Transmissionsvorrichtung miteinander gekoppelt sind und einen gemeinsamen Antriebsstrang besitzen. Dadurch ist gewährleistet, dass alle Komponenten ihre jeweiligen charakteristischen Bewegungen synchron ausführen. In der Weberei erfolgt daher die Beschreibung von Bewegungen oder Zeitpunkten immer bezogen auf den Maschinendrehwinkel φ der Hauptwelle der Webmaschine, wobei eine Umdrehung der Hauptwelle als das Intervall zwischen zwei aufeinanderfolgenden Schussfadenanschlägen definiert ist, sodass der Blattanschlag immer bei $\varphi = 0°$ erfolgt. Dieser Konvention wird hier Folge geleistet. Abb. 4.34 zeigt schematisch den Aufbau einer ORW-Webmaschine mit den an der Gewebebindung beteiligten Komponenten. Im Folgenden wird auf die Komponenten der Maschine genauer eingegangen.

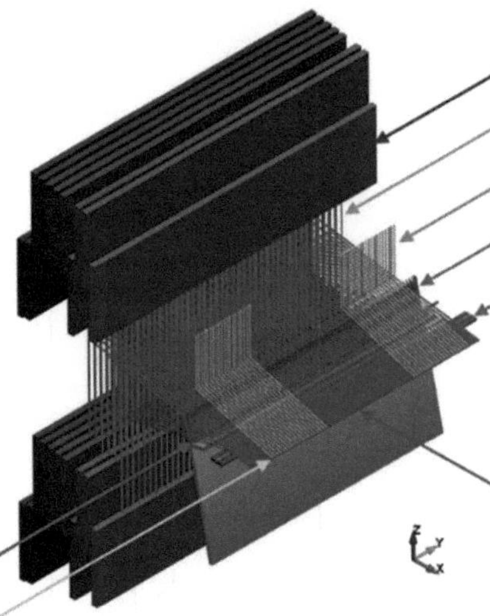

Abb. 4.34 Schematische Darstellung der ORW-Webmaschine

4.3.1.1 Schäfte und Schaftmaschine

Die Schäfte (Abb. 4.35, rot) sind hintereinander angeordnete Rahmen auf denen die Litzen (hellbraun) eingehängt sind. Jeder Kettfaden (Abb. 4.34, blau) wird durch eine in der Litze befindliche Öse von hinten nach vorne (positive X-Richtung) durchgeführt und somit einem Schaft zugeordnet. Damit wird die vertikale Bewegung jedes Schaftes jeweils auf eine Gruppe von Kettfäden übertragen. Diese Zuordnung ist abhängig von der Gewebebindung und wird vom Weber in der Bindungspatrone festgelegt.

Die Bewegung der Schäfte wird durch die Schaftmaschine ausgeführt und ist über deren Funktionsweise und der Mechanik definiert. Abb. 4.36 zeigt die experimentell ermittelte Schaftbewegung des ersten Schaftes der verwendeten ORW-Webmaschine.

Durch unterschiedliche Stellungen der Schäfte werden die Kettfäden in zwei Fadenschaaren unterteilt. Eine befindet sich in der oberen Position (Oberfach), die andere in der unteren Position (Unterfach). Dadurch entsteht eine Öffnung, das Fach, durch die der Schussfaden eingebracht wird. Der Fachwechsel, die Bewegung der Schäfte von der oberen in die untere Position oder umgekehrt, ist so terminiert, dass bei etwa $\varphi = 325^{\circ}$ (bzw. $\varphi = -35^{\circ}$) das Fach geschlossen ist, d. h. alle Kettfäden sich in einer Ebene befinden.

Um die relative Bewegung der Schäfte in der Simulation möglichst exakt zu beschreiben, wird für die in Abb. 4.36 dargestellte Schaftbewegung eine Näherungsfunktion definiert und durch Optimierung deren Parameter ermittelt. Die im Projekt erarbeitete und für die Herstellungssimulation verwendete Näherungsfunktion

$$h(\varphi) = m + a\left[x_1 \, sin\left(\frac{1}{2}(\varphi + x_3)\right) + x_2 \, sin\left(\frac{3}{2}(\varphi + x_3)\right) + (1 - x_1 - x_2) sin\left(\frac{5}{2}(\varphi + x_3)\right)\right] \quad (4.6)$$

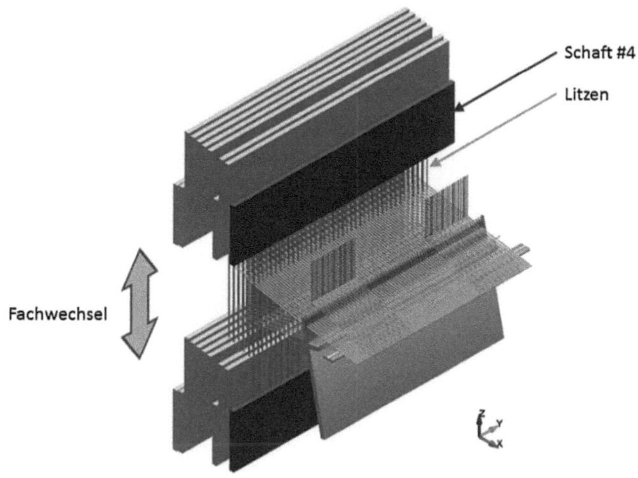

Abb. 4.35 Schematische Darstellung eines Schaftes und der Schaftbewegung

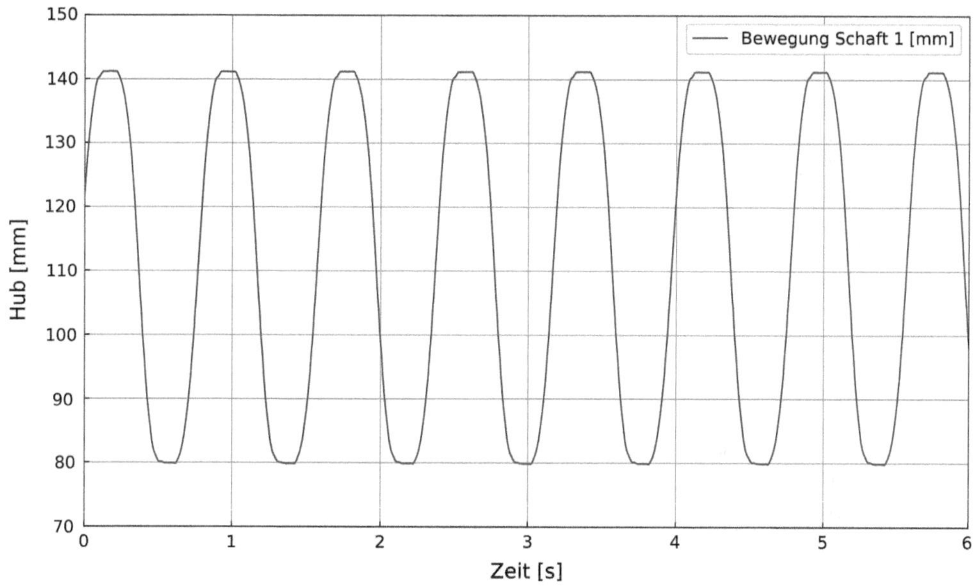

Abb. 4.36 Schaftbewegung an Schaft 1 der ORW-Maschine

mit den Parametern $x_1 = 1{,}13475$, $x_2 = 0{,}14098$ und $x_3 = 3{,}62961$ beschreibt die vertikale Schaftposition, wobei a die Amplitude und m den Mittelwert der ermittelten Messwerte h_i darstellt. Der Wert x_3 beschreibt hierbei die Verschiebung des Fachschlusses gegenüber dem Blattanschlag. Die optimierte Näherungsfunktion wird als Randbedingung in der Simulation eingesetzt, wobei der Wert x_3 als die variable Randbedingung des Fachschlusses separat angegeben wird.

4.3.1.2 Das Webblatt

Das Webblatt (Riet) dient dazu den Schussfaden an das bereits abgewobene Gewebe anzuschlagen und das Gewebe zu verdichten (Abb. 4.37, grün). Der Schussanschlag ist definiert als der Beginn einer Hauptwellenumdrehung der Webmaschine ($\varphi = 0^\circ$).

Die Bewegung des Webblattes wird ebenso wie die Schaftbewegung als Funktion des Maschinendrehwinkels φ definiert. Eine erarbeitete Näherungsfunktion des Webblattwinkels γ erfolgt mit:

$$\gamma(\varphi) = \gamma_0 + \Delta\gamma\left[1 - \cos\left(\frac{\varphi}{2}\right)^6\right]. \tag{4.7}$$

Abb. 4.38 zeigt den normierten Blattwinkel (eckige Klammer) zwischen dem Blattanschlag in der vorderen Blattposition ($\gamma(\varphi) = \gamma_0$) und dem voll geöffneten Fach in der hinteren Position ($\gamma(\varphi) = \gamma_0 + \Delta\gamma$).

Die geometrischen Daten des nach oben offenen Webblatts werden der Betriebsanleitung der ORW-Webmaschine entnommen. Die hierbei wichtigen Größen sind die Anzahl und der Abstand der nach oben geöffneten Rietlücken in welche die ORW-Fäden beim Fachwechsel eintauchen.

4.3.1.3 Gewebestütze und Warenabzug

Die Gewebestütze unterstützt das Gewebe kurz hinter der Webkante (Abb. 4.39, braun). Der Warenabzug erfolgt unter einem Winkel gegenüber der Kettfadenebene. Die Fadenspannung und der Winkel sorgen dafür, dass das Gewebe beim Abziehen auf die Gewebestütze

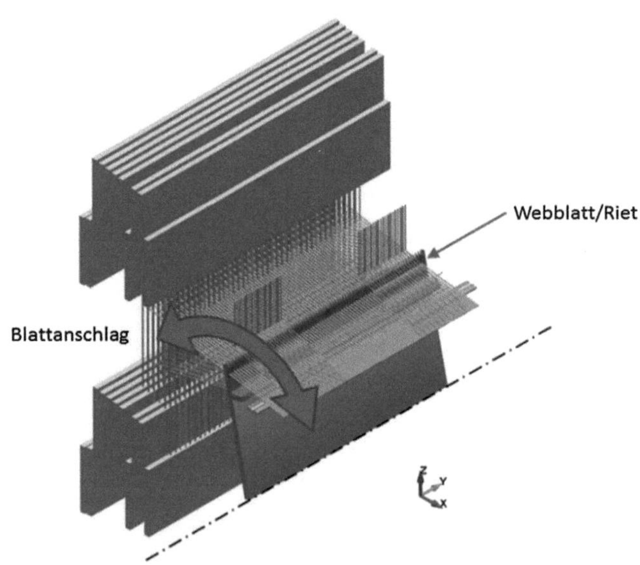

Abb. 4.37 Schematische Darstellung des nach oben offenen Webblatts und dessen Bewegung

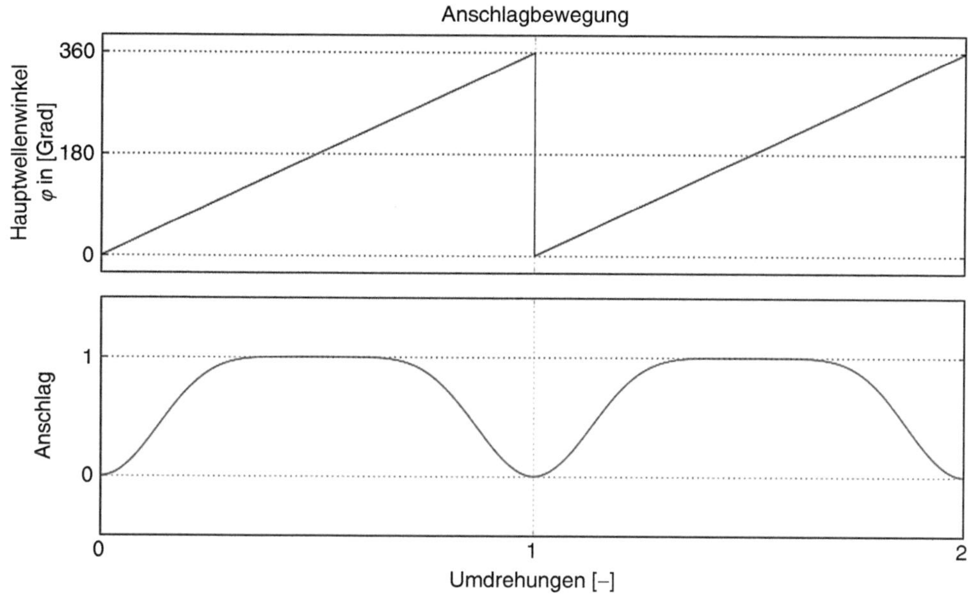

Abb. 4.38 Anschlagbewegung des Webblattes als Funktion des Hauptwellenwinkels

Abb. 4.39 Schematische Darstellung der Gewebestütze und des Warenabzugs

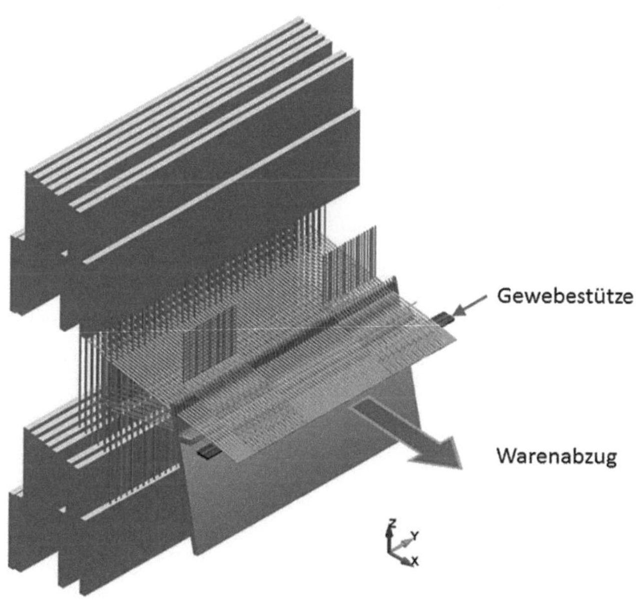

gepresst wird. Dies verhindert Schwingungen im Gewebe im Bereich des Blattanschlags und erhöht die Prozessstabilität. Die Position und Form der Gewebestütze, sowie der Winkel unter dem das Gewebe abgezogen wird, sind bei der Modellierung und den Randbedingungen der Simulation zu berücksichtigen.

4.3.1.4 ORW-Einheiten

Der Unterschied zu einer herkömmlichen Schaftwebmaschine besteht, wie oben bereits erwähnt, in den zusätzlichen horizontal beweglichen ORW-Einheiten (Abb. 4.40). Diese bestehen aus zwei CNC-gesteuerten, unabhängig verschiebbaren Schlitten auf denen Nadelbarren angebracht sind (Abb. 4.41, türkis). Jede dieser Nadelbarren besteht aus mehreren, parallelen Nadeln mit Ösen am unteren Ende, durch die die Multiaxialfäden geführt werden (gelb). Die Anzahl der Nadeln und deren Positionierung gegenüber den Rietlücken sind wichtige Parameter für den Simulationsmodellaufbau.

Beide ORW-Einheiten sind auf den vordersten Schaft[1] der Webmaschine montiert (in Abb. 4.41 nicht dargestellt) und führen deshalb gleichzeitig dieselbe vertikalen Bewegungen wie der Schaft aus.

4.3.1.5 Schusseintrag

Zur Erzeugung einer Gewebebindung wird in das geöffnete Fach ein Schussfaden eingetragen (Abb. 4.42, rot). Hierfür existieren verschiedene Prinzipien, die in Hinsicht auf die Fadenmaterialien und die Eintragsgeschwindigkeit bestimmte Vor- und Nachteile besitzen. Die verwendete ORW-Maschine verwendet ein Greifer-System. Das Schusseintragsprinzip ist jedoch für die Simulation nachranging, da der Eintrag in der Simulation selbst

Abb. 4.40 ORW-Einheiten mit Nadelbarren

[1] Genau genommen auf dem dritten Schaft, jedoch müssen die Schäfte 1 und 2 entfernt werden um Platz für die ORW-Einheiten zu schaffen. Die Ansteuerung der Schaftbewegung erfolgt jedoch weiterhin über die Daten-Bits des ersten Schafts.

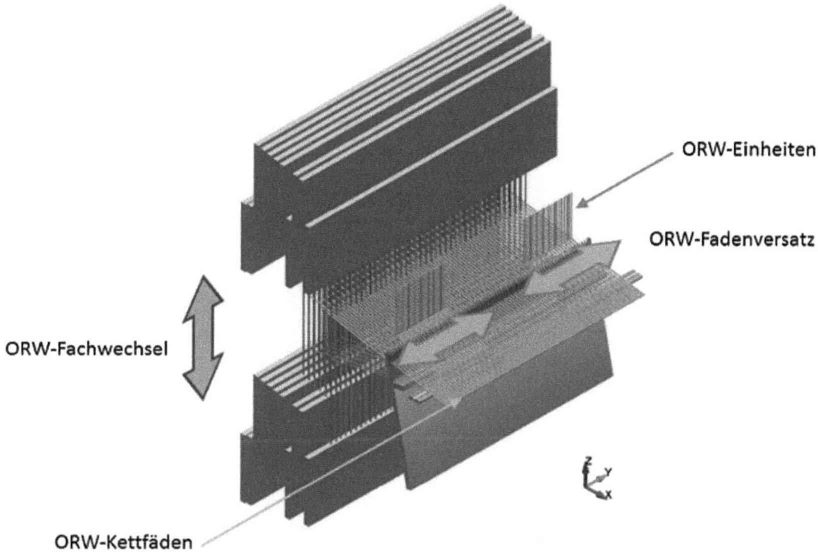

Abb. 4.41 Schematische Darstellung mit horizontalen sowie vertikalen Bewegungen

Abb. 4.42 Schusseintrag in das geöffnete Fach

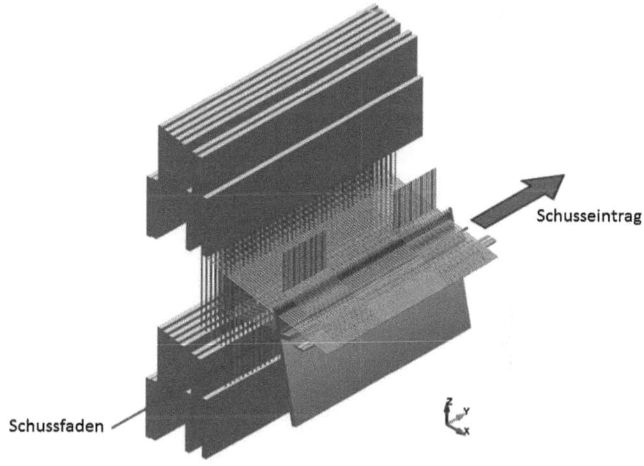

nicht simuliert wird. Alle Schussfäden sind bereits im Berechnungsmodell im Fach platziert und werden zur Eintragszeit „aktiv" geschaltet. Die Interaktion mit den Fäden des Gewebes findet erst dann statt, wenn die Elemente der Schussfäden einer Kollisionsprüfung zugeordnet werden. Daher muss das Simulationsmodell für jeden Schussfaden eine eigene Kontaktdefinition mit einer bestimmten Startzeit vorhalten. Um Rechenzeit zu sparen löst jede weitere Kontaktdefinition die jeweils vorangegangene Kontaktdefinition ab. Die durch das Fadeneintragssystem entstehende Fadenspannung wird als Randbedingung aufgegeben.

4.3.1.6 Bindungspatrone

In der Bindungspatrone wird das Gewebemuster definiert. Hierzu zählt die Zuordnung der Kettfäden zu den Schäften (Abb. 4.43, links unten) genauso wie die Abfolge der Schaftbewegung (rechts) wie auch die Materialwahl beim Schusseintrag.

Die Schäfte werden von der Schaftmaschine in vertikaler Richtung bewegt. Alle Kettfäden die durch die Litzen eines Schaftes gezogen sind, werden somit aus der Gewebeebene nach oben oder unten ausgelenkt. Die Steuerung der Schaftmaschine erfolgt durch die Bindungspatrone (Abb. 4.43, rechts). Die Bindungspatrone wird am Ende wiederholt und damit auch ihr Muster. Abb. 4.44 zeigt die Bindungspatrone (rot) und ihre Wiederholungen (blau). Daraus ergibt sich für alle Schäfte eine charakteristische Bitfolge (z. B. Schaft 1:11001100…) die von der Schaftmaschine bei jedem Schusseintrag fortwährend abgearbeitet wird (rechts oben, senkrechtes Raster ≙ Schusseintrag). Daraus resultiert die Schaftbewegung, die in Abb. 4.44 rechts unten dargestellt ist.

Bei einem gesetzten Bit (Abb. 4.43, rechts, rote Felder) muss sich der Schaft in der oberen Position befinden, bei einem nicht gesetzten Bit (weiße Felder) in der unteren. Sind zwei aufeinanderfolgende Bits verschieden, wird die Bewegung des Schaftes durch das Einkuppeln auf einer Kurvenscheibe vorgenommen. Sind zwei aufeinanderfolgende Bits gleich, wird der Schaft in der aktuellen Position gehalten. Tab. 4.2 zeigt die vier möglichen Bitfolgen und die daraus resultierenden Schaftbewegungen.

Die Steuerung der Schäfte wurde im Programm LS-DYNA® durch die Verwendung von Funktionen (DEFINE_FUNCTIONS) realisiert. Die Funktionen greifen dabei auf die Bit-Werte der Bindungspatrone in Tabellen (DEFINE_FUNCTION_TABULATED) zurück. In diesen Tabellen werden für jeden Schussfaden und jede Maschinenumdrehung die Musterwerte aus der Bindungspatrone abgelegt. Die Tabelle wird vor Simulationsbeginn durch den Digitalen Prototyp aus der Bindungspatrone erstellt. Wie bei der realen

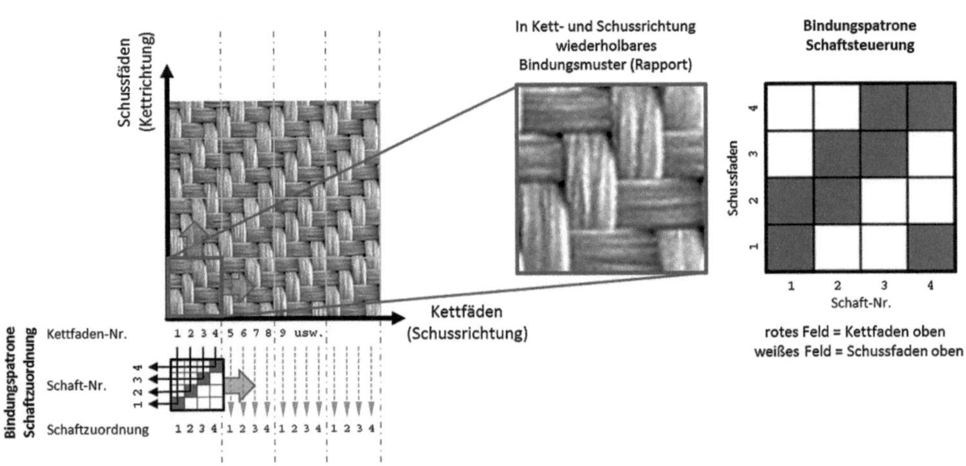

Abb. 4.43 Bindungspatrone Z-Köper 2 × 2; links Schaftzuordnung; rechts Schaftbewegung

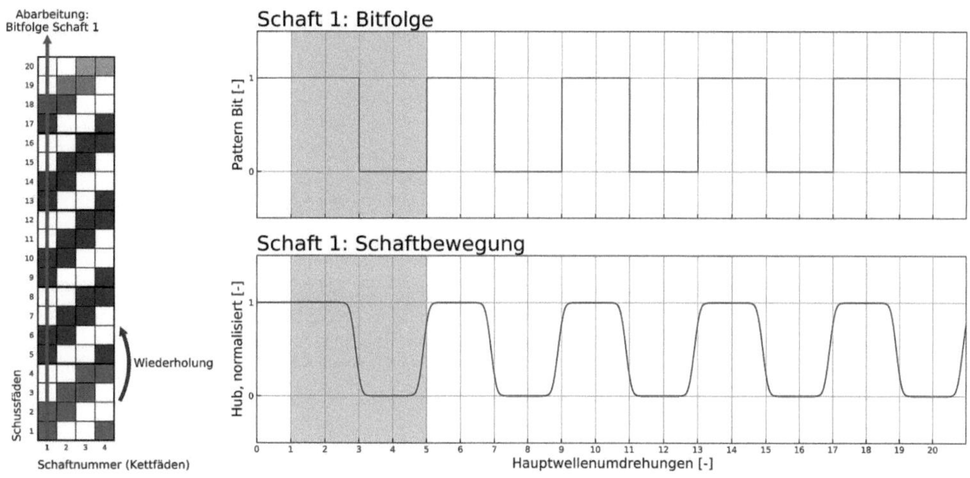

Abb. 4.44 Abfolge der Schaftbewegung

Tab. 4.2 Steuerung der Schäfte, Schaftposition abhängig der Bitfolge

Bitfolge (Aktuelles → nachfolgendes Bit)	Aktuelle Schaftposition	Schaftbewegung	Nachfolgende Schaftposition
0 → 0	Unterfach	keine	Unterfach
0 → 1	Unterfach	Fachwechsel ↑	Oberfach
1 → 0	Oberfach	Fachwechsel ↓	Unterfach
1 → 1	Oberfach	keine	Oberfach

Webmaschine werden die Werte wiederholt, sobald das Tabellenende erreicht ist. Der Übergang zwischen dem Unterfach und dem Oberfach wird durch die oben beschriebene Näherungsfunktion $h(\varphi)$ beschrieben und je nach Wechselrichtung mit positiven oder negativen Vorzeichen aufgerufen.

Für die Steuerung der ORW-Einheiten wird ebenfalls eine Bindungspatrone, ein wiederholbares Muster, durch den Weber erzeugt. Abb. 4.45 zeigt die Software mit einer Bindungspatrone eines ORW-Gewebes. Die Bindungspatrone ist in drei Teile gegliedert. Der Versatz der ORW-Einheiten in der linken Spalte, der Versatz der Schaftbewegungspatrone in der mittleren Spalte und der Schusseintrag in der rechten Spalte. Um ein Verknoten der ORW-Fäden beim Versetzen der ORW-Einheiten zu verhindern, werden während dem Versatz der ORW-Einheiten (violett) alle Schäfte in die obere Position gebracht (rot) und dabei kein Schussfaden eingetragen (orange). Hierbei

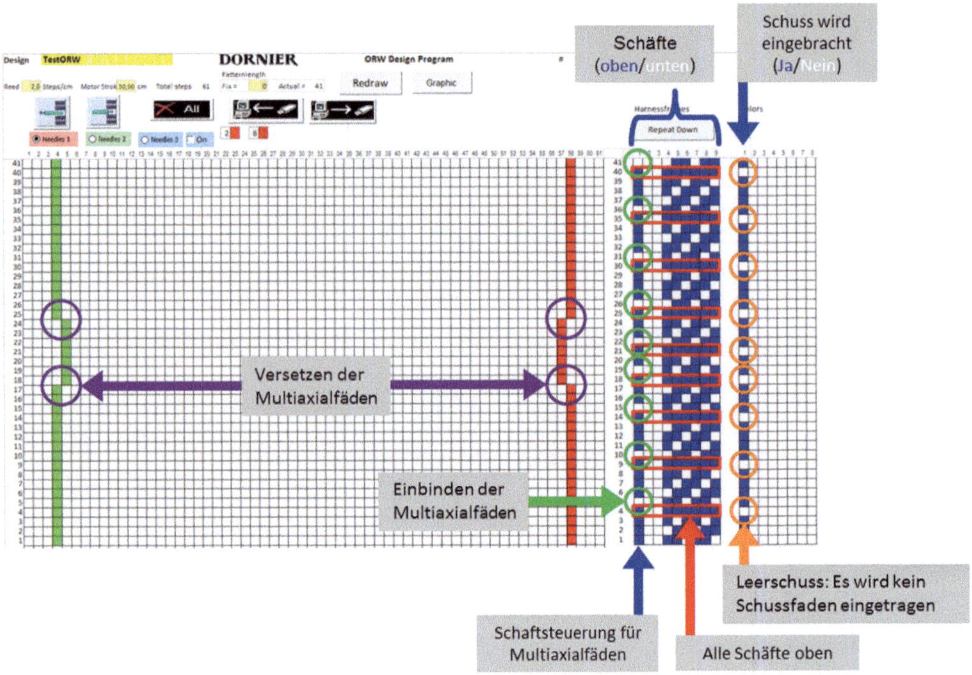

Abb. 4.45 Benutzeroberfläche des Herstellers und Bindungspatrone eines ORW-Gewebes

wird von einem Leerschuss gesprochen. Die Bindungspatrone ist daher deutlich komplizierter und in der Regel auch deutlich länger als die einer herkömmlichen Webmaschine (vgl. Abb. 4.43).

4.3.2 Software zum Modellaufbau

Zum Modellaufbau wurde eine ORW-Modellgenerierungssoftware in der objektorientierten Programmiersprache Python entwickelt. Mit ihr ist es möglich die komplexen ORW-Simulationsmodelle, unter der Angabe der in Abschn. 4.3.1 analysierten Komponenten und deren Randbedingungen, in kurzer Zeit aufzubauen.

Die verschiedenen Baugruppen der Webmaschine wurden hierfür als eigenständige Klassen definiert. Durch Vererbung können diese um Spezialisierungen oder zusätzliche Randbedingungen erweitert werden. Zum Beispiel ist die Bewegung des Riets unabhängig davon, ob es ein konventionelles Webblatt (reed) oder ein nach oben geöffnetes Webblatt (open reed) ist. Da der Bewegungsablauf unabhängig von der Webblattausführung ist, genügt es diese Funktion nur in der Basisklasse zu implementieren. Bei der Programmierung der anderen Klassen wurde analog vorgegangen. Die Generierungssoftware zum Erstellen der Simulationsmodelle wurde so programmiert, dass die Bindungspatrone der Webmaschine eingelesen werden kann (CAM-Schnittstelle). Somit können die Bindungsmuster in der Original-Software des Herstellers erstellt und fehlerfrei in die Simulation übertragen werden.

Das kommandozeilenbasierte Skript wird mit einer Konfigurationsdatei ausgeführt. Die Konfigurationsdatei enthält alle Angaben über die Konfiguration der ORW-Maschine, ihrer Komponenten, sowie ein entsprechendes Webmuster oder den Verweis auf eine Musterdatei des Maschinenherstellers. Die Ausgabe des Programms ist ein vollständig rechenfähiges LS-DYNA Input-Deck. Je nach Anzahl der Filamente und Elementkantenlänge ist der Modellaufbau in wenigen Sekunden bis wenigen Minuten abgeschlossen.

4.3.3 Simulation von ORW-Webprozessen

Die ORW-Prozesssimulation stellt aufgrund der zahlreichen in der Simulation zu berücksichtigenden Fäden, den komplexen Einbindungsvorgängen und der hohen Zahl an Prozessparametern wesentlich höhere Anforderungen an die Simulation als z. B. die klassische Websimulation. Für die Entwicklung der ORW-Simulationen wurden Lochverstärkungen als sinnvolle, anwendungsnahe und aussagekräftige Beispiele ausgewählt, da sie bei Faserverbundbauteilen häufig eine Schwachstelle in den Lasteinleitungsbereichen darstellen. Experimentell wurden acht unterschiedliche Lochverstärkungen ausgearbeitet und webtechnisch umgesetzt. Als Grundgewebe dient hierbei ein Köpergewebe aus Glasfaserbündeln mit 600tex, der auch für die ORW-Verstärkungsfasern eingesetzt wird. Abb. 4.46 und 4.47 zeigen zwei Varianten der hergestellten ORW-Lochverstärkungen mit 2×3 Multiaxialfäden aus Kohlenstofffaserbündeln und einem Verlegewinkel von 41°.

Die Entwicklung der ORW-Simulation wurde mit dem Versuchsmuster Typ O mit 2×3 ORW-Fäden begonnen (vgl. Abb. 4.46). Die Prozessparameter zur Generierung des Simulationsmodells wurden entsprechend der Webmaschineneinstellungen übernommen. Das Simulationsmodell wird über die entwickelte Software generiert. Dabei kann die Bindungspatrone für die Lochverstärkung durch die CAM-Schnittstelle direkt in der Simulation umgesetzt werden. Die Lochverstärkung bildet sich in der FEM-Prozesssimulation korrekt aus (Abb. 4.48 und 4.49).

Das Simulationsergebnis stimmt qualitativ gut mit dem CT-Scan (vgl. Abb. 4.50) überein. Durch die Modellierung der Faserbündel als einfache Kette aus Balkenelementen (Beam-Chain) ist der Querschnitt des Faserbündels in der Simulation unveränderlich. Insbesondere beim Blattanschlag des Webprozesses tritt in Realität jedoch eine starke Verdichtung der Filamente auf und der Querschnitt des Faserbündels wird in einem kurzen

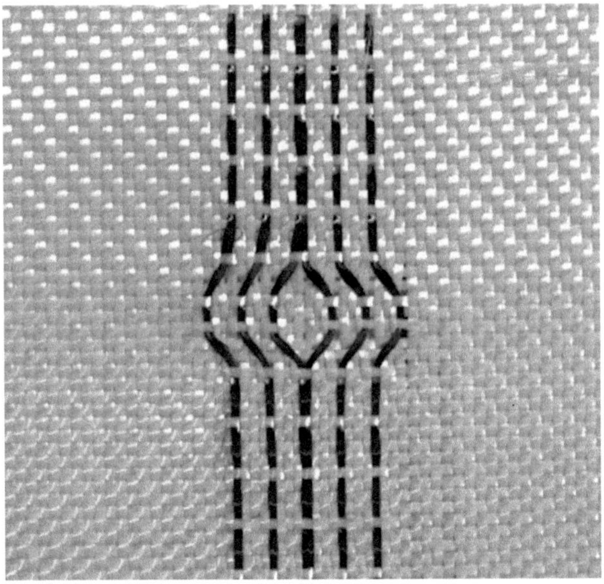

Abb. 4.46 Lochverstärkungsvariante Typ O: Keine Überkreuzung der ORW-Verstärkungsfäden

Abb. 4.47 Lochverstärkungsvariante Typ X: Überkreuzung der ORW-Verstärkungsfäden

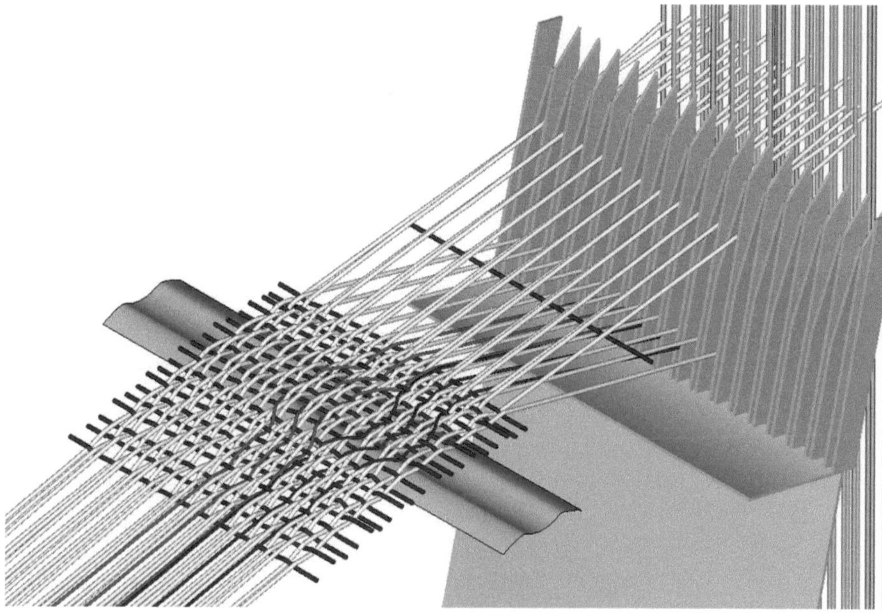

Abb. 4.48 Prozesssimulation der Lochverstärkungsvariante Typ O mit 2 × 3 ORW-Fäden und einem Verlegewinkel von 41°

Zeitraum mehrfach verformt. Dies kann mit der gewählten Modellierung nicht korrekt abgebildet werden. Die erreichbare Schussfadendichte ist dadurch begrenzt. Die in den realen Webversuchen verwendete Schussfadendichte von 5,5 Fäden pro cm ist in der Simulation nicht stabil erreichbar.

Um die Schussfadendichte auf realistische Werte steigern zu können, muss das Simulationsmodell die Verformungen beim Blattanschlag abbilden können. Hierfür wurde die Software so angepasst, dass diese auch Multifilamentmodelle generieren kann. Die neue Funktionalität ermöglicht es, Fäden entlang einer Geraden oder einer B-Spline mit ausgewählten Faserbündelquerschnitten (Kreis, Ellipse, etc.) und beliebig vielen Filamenten über dem Querschnitt zu erzeugen. Abb. 4.51 zeigt das Simulationsergebnis einer Multifilament-ORW-Websimulation. Aufgrund der hohen Dynamik beim Blattanschlag und des geringeren Kontaktdurchmessers der Balken-Elemente in der Multifilamentmodellierung kommt es hier häufig zu Kontaktversagen einzelner Filamente. Durch den Multifilamentaufbau bleibt die Gewebebindung und damit der qualitative Faserverlauf jedoch erhalten. Aufgrund der sehr langen Rechenzeiten dieses Berechnungsverfahrens von mehreren Wochen wurden alternative Möglichkeiten gesucht.

Es wurde die Kontakt-Expansions-Methode entwickelt, um geeignete Multifilamentmodelle für die nachfolgenden Prozessschritte zu erzeugen. Hierbei wird in einem Nachbearbeitungsschritt das aus der Monofilament-Prozesssimulation gewonnenen Gewebemuster, die Ketten der Balkenelemente (Beam-Chain), die die Faserbündel repräsentieren, durch eine Multifilamentfadenmodellierung ersetzt.

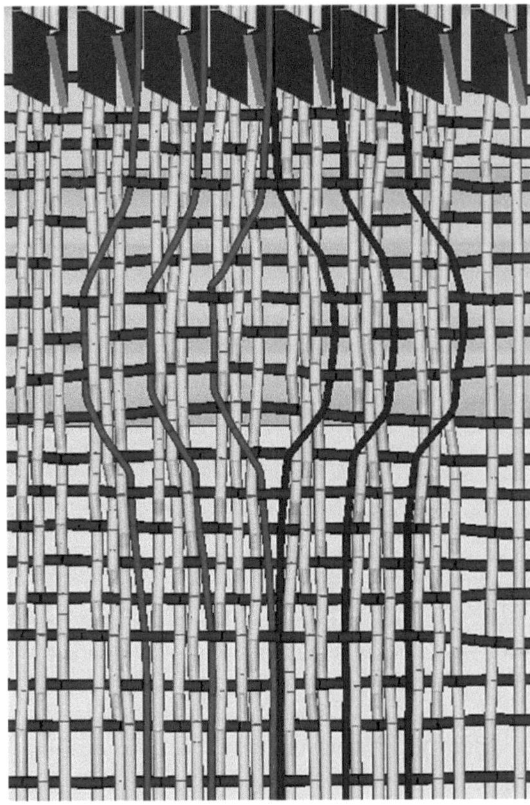

Abb. 4.49 Virtuelles ORW-Gewebe

Abb. 4.50 CT-Analyse reales ORW-Gewebe

Abb. 4.51 Multifilament ORW-Websimulation der Lochverstärkung Typ O

Abb. 4.52 Modellierung der Kontakt-Expansions-Methode

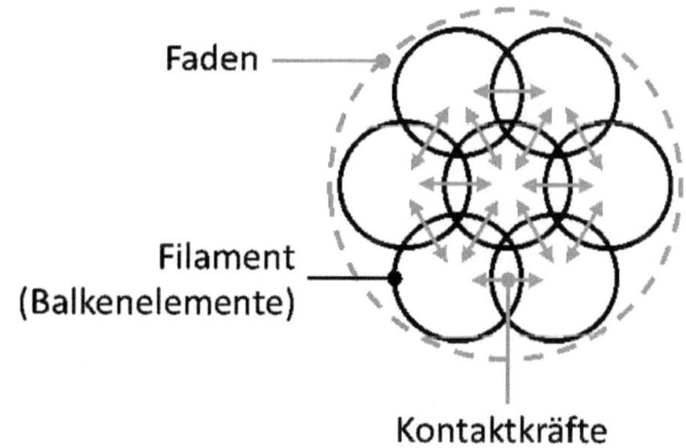

Dabei ist das Multifilamentfaserbündel ebenfalls mittels Ketten aus Balkenelementen modelliert, jedoch so, dass sich die Kontaktflächen der Balkenelemente gegenseitig durchdringen (Abb. 4.52). In einer Finite-Elemente-Simulation mit LS-DYNA® werden durch die Kontaktdefinition die Filamente auseinandergeschoben (expandiert). Ein Vorteil dieser Methode ist das die Expansion stoppt, sobald der maximal mögliche Faserbündelquerschnitt erreicht ist. Ein Nachteil besteht in der Nicht-Abbildung möglicher prozessinduzierter Kräfte und Charakteristiken während dem eigentlichen Webprozess. Abb. 4.53 zeigt die Anwendung auf das Monofilamentmodell, das mit Hilfe der ORW-Websimulation erzeugt wurde, im Vergleich mit der CT-Aufnahme des realen Gewebes. Um die Simulationsmodelle aufzubauen wurde eine weitere Software entwickelt, die die Monofilamente durch Multifilamente mit den entsprechenden Durchdringungen ersetzt. Die Expansion wird durch eine Stafette von hintereinandergeschalteter Kontaktdefinitionen mit steigendem Kontaktdurchmesser realisiert. Die Simulationszeiten sind auch bei großen Modelldimensionen sehr gering.

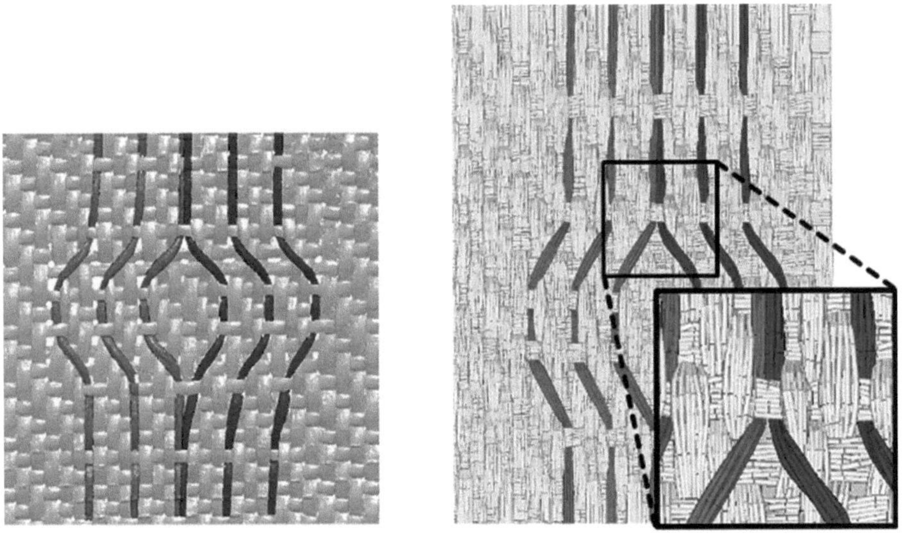

Abb. 4.53 Anwendung der Kontakt-Expansions-Methode auf das ORW-Monofilamentmodell und dem Vergleich mit dem CT-Scan

4.4 Virtuelle Infiltration von textilen Faserhalbzeugen

Jörg Dittmann und Peter Middendorf

Bei der Herstellung von Faserverbundbauteilen folgt nach dem Preformprozess (z. B. Flechten oder Drapieren) die Infiltration mit einem Matrixsystem. Als Infiltration, wird das Einbringen einer fluiden Matrix in einen trockenes Faserhalbzeug bezeichnet. Hierbei wird das Faserhalbzeug unter Druck (Injektion) oder durch Vakuum (Infusion) mit dem fluiden Matrixsystem benetzt. Beim Matrixsystem kann zwischen duroplastischen (z. B. Epoxidharz), thermoplastischen (z. B. PEEK) und elastomeren Matrixsystemen (z. B. PUR) gewählt werden. Im strukturellen Leichtbau werden hauptsächlich Duroplast-Matrixsysteme verwendet. Als Faserhalbzeuge stehen verschiedene Materialien zur Auswahl. Im Leichtbau bevorzugt eingesetzt werden Kohlenstoff-, Glas- und Aramidfasern. Aber auch Basaltfasern oder biologische Fasern, wie Flachs- und Hanffasern, kommen zum Einsatz.

Als Unterkategorie der Liquid Composite Molding (LCM) Prozesse wird bevorzugt der RTM-Prozess (resin transfer molding) zur Herstellung von Strukturbauteilen höchster Qualität und großer Stückzahl verwendet.

Hierbei werden die Faserhalbzeuge in eine zwei- oder mehrteilige Form drapiert. Diese wird vor der Infiltration geschlossen und das Matrixsystem unter Druck in die Kavität injiziert. Durch das Vermischen der Harz- und Härterkomponente beginnt das Matrixsystem auszuhärten und die Viskosität erhöht sich bis zur vollständigen Erstarrung des Matrixsystems. Dieser Vorgang kann durch die Werkzeugtemperatur beeinflusst und variiert werden. Bei Werkzeugen, welche mit Mischkopf gefüllt werden, beginnt das Matrixsystem am Anguss des Werkzeuges auszuhärten. Bei Infiltrationen mit Vakuum wird das Matrixsystem vorab angemischt und entgast. Dies führt zu einer guten Oberflächenqualität und wenig Lufteinschlüssen im Bauteil, die Aushärtung beginnt allerdings bereits vor der eigentlichen Infiltration, wodurch die Viskosität des Matrixsystems zunimmt.

Nachdem das Matrixsystem die Kavität gefüllt hat und der Aushärtevorgang abgeschlossen ist, wird das Werkzeug geöffnet und das Bauteil aus der Kavität entnommen.

Dieser Füllvorgang kann je nach textilem Faserhalbzeug, Lagenaufbau, Matrixsystem und Volumenstrom unterschiedlich viel Zeit in Anspruch nehmen bzw. unterschiedlich große Kräfte im Werkzeug wirken lassen. Um Füllzeiten und Werkzeugdrücke in Vorfeld abschätzen zu können, kann eine Füllsimulation verwendet werden. Um aussagekräftige Inputparameter für die Simulation zu erhalten werden derzeit hauptsächlich experimentelle Untersuchungen zur Bestimmung der Permeabilität textiler Faserhalbzeuge durchgeführt. Hierbei wird die sich ausbreitende Fließfront im Werkzeug optisch oder mit Sensoren vermessen und daraus die Permeabilität des Halbzeuges bestimmt. Die Verwendung von Ersatzfluiden zur Permeabilitätsbestimmung hat sich in der Forschung durchgesetzt, da so reaktive Matrixkinetik und Toxizität vermieden werden. Als Ersatzfluid wurde im Projekt DigitPro wegen der vergleichbaren Viskosität und der nicht-toxischen Eigenschaften, auf Glycerol 85 % zurückgegriffen. Zusätzlich muss die Kavität nach der Infiltration nur leicht gereinigt werden, was die Zykluszeit einer Messung erheblich senkt und die Lebensdauer der Messzelle erhöht.

Die Charakterisierung des Textils umfasst die Bestimmung der Permeabilitätswerte in allen drei Raumrichtungen sowie einer Faserbündelpermeabilitätsbestimmung. Hierfür sind Permeabilitätsmessstände, Equipment und wegen der hohen Sensitivität der Permeabilität ausreichend Erfahrung notwendig. Um diese Punkte zu umgehen, kann die Permeabilität auch numerisch, durch virtuelle Modellierung der Faserarchitektur, vorhergesagt werden. Hierzu sind eine genaue Kenntnis der Faserarchitektur sowie Grundlagenuntersuchungen zum Fließverhalten von Fluiden in porösen Faserhalbzeugen notwendig.

Im Bereich der Infiltrationssimulation wurde zu Beginn des Projektes mit einem FEM-Softwaretool (PAM-RTM, ESI-Group) simuliert und alle planaren Permeabilitätsmessungen mit Hilfe eines radialen Permeabilitätsmessstandes durchgeführt. Im Laufe des Projektes wurden vier weitere Teststände aufgebaut und in Betrieb genommen. Hiermit können nun zusätzliche Permeabilitätsmessungen in Dickenrichtung, in einzelnen Faserbündeln und auf mesoskopischer Ebene durchgeführt und für die Simulation aufgearbeitet werden. Der vierte Teststand ist mit Sensorik ausgestattet und dient der Aushärtecharakterisierung von Duromeren-Matrix-Systemen mittels Ultraschallsensoren.

Die Infiltrationssimulationen mit PAM-RTM wurden mit anderen Softwarelösungen verglichen, um die Aussagekraft und die Genauigkeit der Ergebnisse zu verifizieren. Zusätzlich wurden Softwarelösungen zur Modellierung von Textilarchitekturen analysiert und miteinander verglichen. Anschließend wurden ausgehend von der experimentellen

Permeabilitätsbestimmung neue Lösungen zur Vorhersage von Permeabilitätswerten gesucht und in dem CFD-Softwaretool OpenFOAM gefunden. Hierdurch war es nun möglich Permeabilitätswerte vorherzusagen und mit experimentellen Tests zu validieren. Große Fortschritte wurden in diesem Bereich gemacht, um langwierige und ressourcenverbrauchende Messungen auf ein Minimum reduzieren zu können.

4.4.1 Permeabilitätsvorhersage

Die Permeabilität beschreibt, ganz allgemein, die Durchdringbarkeit poröser Medien gegenüber fluiden Stoffen. Im Hinblick auf den faserbasierten Leichtbau, beschreibt die Permeabilität die Infiltrierbarkeit textiler Halbzeuge gegenüber aushärtenden Matrixsystemen. Die Kenntnis der Permeabilität ist für die Fertigung von optimalen Strukturbauteilen ohne eingebrachte Fehlstellen von entscheidender Wichtigkeit. Ist die Permeabilität eines Halbzeuges bzw. eines Halbzeuglagenaufbaus nicht bekannt, so können Defekte im Halbzeuglaminat (z. B. Lufteinschlüssen oder trockene, nicht infiltrierte Stellen) entstehen und das Bauteil später unter Betriebslasten oder durch Ermüdung versagen lassen. Diese Fehlstellen können nicht sichtbar im inneren des Laminats liegen und sind so mit bloßem Auge nicht zu erkennen. Zusätzlich zu den im Bauteil eingebrachten Fehlstellen können Eigenspannungen durch Matrixschrumpfung oder inhomogene Wärmeverteilung während der Infiltration dazu führen, dass vorher berechnete Materialeigenschaften nicht erreicht werden. Einen weiteren, nicht zu vernachlässigenden Effekt stellen Matrixschnellläufer oder auch Racetracks dar. Diese Zonen in der Kavität, in denen, sich das Matrixsystem wesentlich schneller ausbreitet als im Rest vom Bauteil führen dazu, dass der Fertigungsprozess eines Bauteils nicht abgeschlossen werden kann bzw. das Matrixsystem in großer Menge durch die Kavität gespült wird, um das Bauteil vollständig zu füllen.

Die Faserarchitektur von Umflechtbauteilen variiert, da diese erst im Fertigungsprozess erstellt wird und dem Bauteil endkonturnahe Preform entsteht. Je nach Bauteil können wie in Abschn. 4.1 beschrieben unterschiedliche Effekte in der Preform entstehen (Abspannung, Lückenbildung, Schlaufenbildung, etc.). Diese Effekte beeinflussen die Permeabilität des Preforms lokal und können nur schwer mit klassischen Permeabilitätsmessungen bestimmt werden.

Auch Effekte, welche beim Drapiervorgang von flächigen Halbzeugen entstehen, werden in Messständen nicht berücksichtigt. Dies hat zur Folge, dass die Ausbreitung des Matrixsystems im eigentlichen Bauteil von der Ausbreitung im Messstand abweicht. Daraus resultieren die oben beschriebene Defekte und unter Umständen ein Versagen des Bauteils.

Eine endkonturnahe Bestimmung der Permeabilität im eigentlichen Werkzeug wäre daher sinnvoll, im Auslegungsprozess aber zeitlich zu spät angesiedelt. Müsste es zu gravierenden Veränderungen der Matrixfließfront kommen, sind die bereits gefrästen Werkzeuge nachträglich nur schwer modifizierbar bzw. die Modifikation oft zu kostenintensiv.

Abhilfe kann hier die numerische Permeabilitätsvorhersage schaffen, da Permeabilitätswerte durch die Modellierung der textilen Halbzeuge im Umformprozess (hier Umflecht- oder Drapierprozess) lokal über das ganze Bauteil vorhergesagt werden können. Hierdurch ist eine exaktere Vorhersage des späteren Infiltrationsverhaltens schon vor der Werkzeugerstellung möglich und Preformeffekte, welche das Infiltrationsverhalten verändern (Scherung, Abspannung, Lückenbildung, etc.) können berücksichtigt werden.

Zur exakten Permeabilitätsvorhersage gehört eine exakte Material-/Textilmodellierung. Hierbei ist es wichtig Textilarchitekturen so genau wie möglich abzubilden, um die speziellen Effekte bei der Infiltration von Faserverbundbauteilen zu berücksichtigen und abbilden zu können. So kann z. B. eine Vorhersage von mikroskopischen Lufteinschlüssen nur erfolgen, wenn auch die Faserbündel auf mikroskopischer Ebene modelliert werden. Hierzu ist eine Multi-Skalen-Simulation bzw. eine Separation der Skalen notwendig. Auf mikroskopischer Ebene besteht ein Faserbündel aus mehreren Tausend Einzelfilamenten. Bisherige Versuche eine mikroskopische Struktur in einer Bauteilsimulation zu berücksichtigen sind an der notwendigen Rechenkapazität gescheitert. Im Projekt DigitPro wurde versucht die unterschiedlichen Skalen zu trennen und anschließend wieder zu verknüpfen. Mikroskopische Simulationen wurden auf Einzelfilamentskala und mesoskopische Simulationen auf Faserbündelskala durchgeführt. Hierbei wurden die Einzelfilamente in den mesoskopischen Simulationen durch poröse Zonen und eine Definition der Faserbündelpermeabilität dargestellt, was zu einer Reduktion der Simulationsanforderungen führt.

4.4.1.1 Aufbau einer mikroskopischen Faserbündelsimulation zur Permeabilitätsvorhersage

Zum Aufbau einer mikroskopischen Simulation eines Faserbündels sind Informationen über dessen Aufbau nötig. Schliffbilder können die interne Struktur der Faserbündel sichtbar und für Vermessungen auswertbar machen. Abb. 4.54 zeigt ein mikroskopisches Schliffbild eines Kohlenstofffaserbündels.

Im Schliffbild ersichtlich ist die komplexe zufällige Verteilung der Filamentquerschnitte (Weiß dargestellt) und die Verteilung der Matrix (Grau dargestellt). Außerdem sind mikroskopische Lufteinschlüsse (Schwarz dargestellt) zu erkennen, welche sich in der unteren Hälfte des Bildes befinden. Durch genauere Betrachtung der Filamentanordnung kann festgestellt werden, dass eine Gruppierung zu mehreren Gebieten erfolgt. Diese Gruppierungen werden auch Filament-Clustering genannt. Eine detaillierte Betrachtung der Filamentquerschnitte ergibt außerdem die Erkenntnis, dass die Querschnitte nicht kreisförmig, sondern eher bohnenförmig sind. Dies ist ein Sachverhalt der schon in der Literatur beschrieben wurde und welcher von der Fertigungsgüte der jeweiligen Fasern abhängt. Hierbei weisen z. B. hochpreisige 1k Faserbündel (1000 Einzelfilamente) einen kreisförmigeren Querschnitt als 50k Faserbündel auf.

Im Bereich der mikroskopischen Simulation solcher Strukturen wurde im Projekt DigitPro ein Programm erstellt, welches automatisch sogenannte RVE-Modelle (representative volume element), abhängig vom Faservolumengehalt und vom Filamentradius, aufbauen

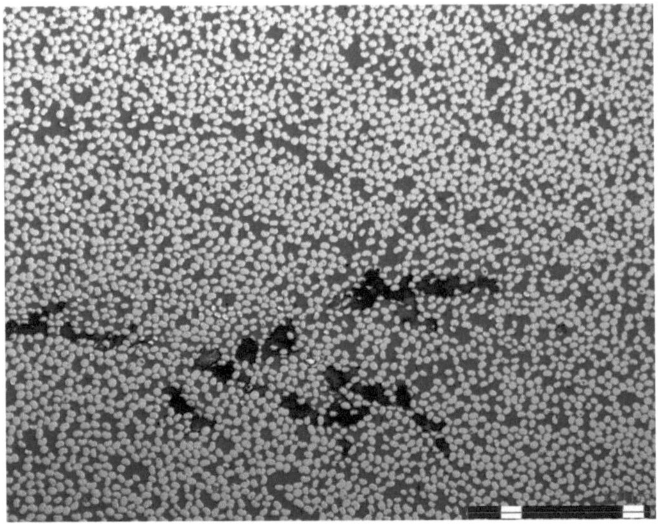

Abb. 4.54 Mikroskopisches Schliffbild des CFK Zeilbauteils (Vergrößerung 3100 fach)

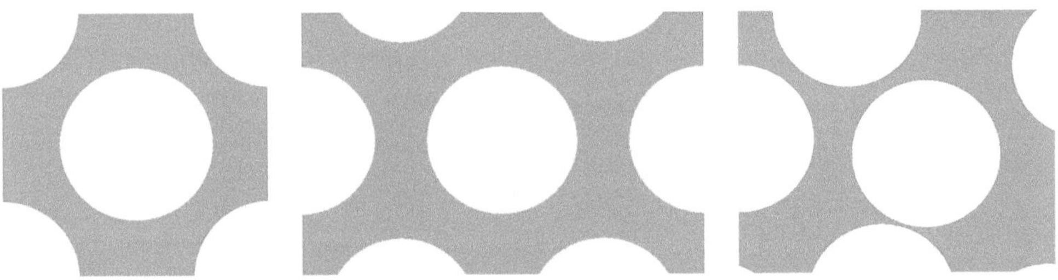

Abb. 4.55 Verschiedene mikroskopische Filamentmodelle (quadratisch, hexagonal, zufällig)

kann. Im ersten Schritt wurden hier quadratisch oder hexagonal angeordnete Filamentarchitekturen erstellt. Im Laufe des Projektes wurde eine Zufallsverteilung der Filamente, nach der Initial-Shaking-Methode von G. Catalanotti [11] umgesetzt (vgl. Abb. 4.55).

Um zusätzlich die Permeabilität entlang des Faserbündels zu modellieren, wurden die zweidimensionalen Modelle anschließend vom entwickelten Programmcode extrudiert und für OpenFOAM exportiert.

In OpenFOAM wurden alle Modelle vernetzt und mit dem SIMPLE-Strömungslöser (semi implicit method for pressure linked equations) simuliert. In einem inhouse Post-Processing-Tool, in OpenFOAM, wurden anschließend die Permeabilitätswerte mit Hilfe von Darcy's Law [5] berechnet und gespeichert. Hierdurch war es möglich die Ergebnisse in Paraview zu visualisieren und Mittelwerte für Druck, Geschwindigkeit und Permeabilität in alle drei Raumrichtungen zu berechnen.

Die Inputparameter für das Fluid wurden von Glycerol 85 %, mit einer dynamischen Viskosität von $\eta = 109$ mPas und einer Dichte von $\rho = 1226$ g/cm^3, entnommen.

Dieses Ersatzfluid wurde ebenfalls für die experimentellen Permeabilitätsmessungen verwendet (vgl. Abschn. 4.4.2.1). Als Randbedingungen wurden für alle Modellränder Wand-Randbedingungen gesetzt. Einlass und Auslass erhielten InletOutletVelocity-Randbedingungen und ein Druckgradient von Δp = 20.000 Pa wurde am Einlass (Inlet) vorgeben.

Abb. 4.56 zeigt die Geschwindigkeitsverteilung in einem RVE mit Queranströmung.

Neben Geschwindigkeitsüberhöhungen an Positionen, wo Filamente sehr eng beieinander liegen, ist an Stellen wo das Fluid ungehindert durch das RVE strömen kann ein Kanal-Bildungs-Effekt (Channeling-Effekt) zu erkennen. Diese Kanäle stellen später Schnellläufer im Faserbündel dar, an denen sich wenig bis keine Lufteinschlüsse bilden. Positionen an denen sich das Fluid aufstaut, können bei fortschreitender Fließfront Lufteinschlüsse bilden, welche im Faserbündel als Fehlstellen zurückbleiben und das Laminat/den Verbund schwächen können oder als Rissinitiatoren dienen.

Aus den simulierten Strömungsbedingungen können anschließend die Permeabilitätswerte berechnet und eine Abschätzung über die Infiltrierbarkeit getroffen werden (vgl. Abb. 4.57).

Um die Faserbündel auch in Faserlängsrichtung zu charakterisieren, ist eine zusätzliche Strömungssimulation in Längsrichtung notwendig. Anschließend können die jeweiligen Faserbündelpermeabilitätswerte in das mesoskopische Einheitszellenmodell transferiert werden.

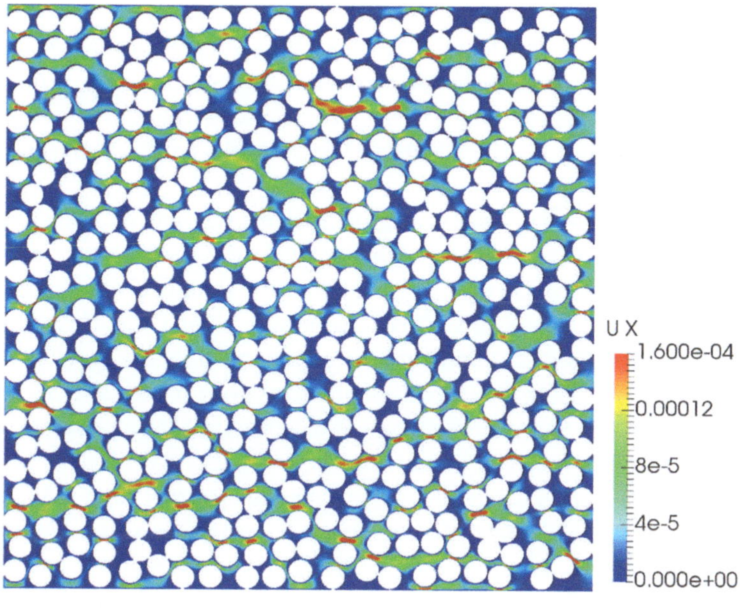

Abb. 4.56 Geschwindigkeitsverteilung in einem mikroskopischen Modell eines Faserbündels unter Queranströmung

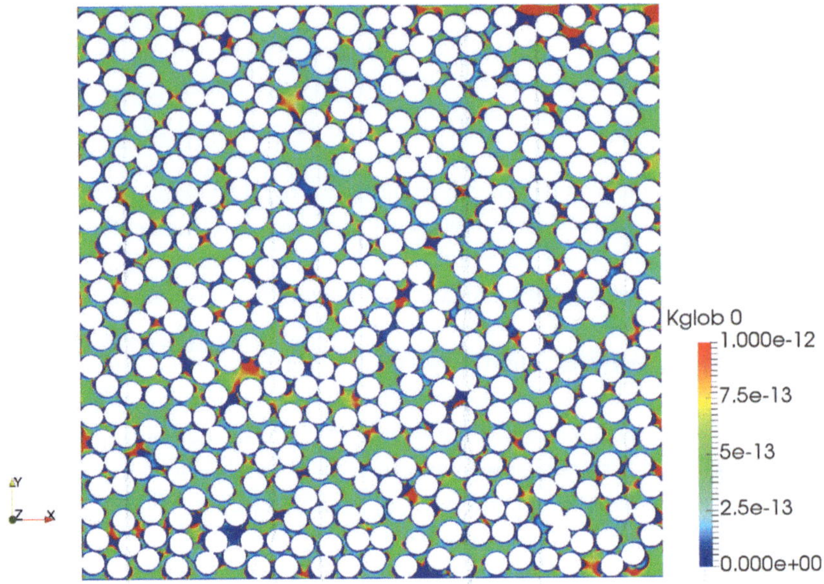

Abb. 4.57 Berechnete Permeabilitätswerte aus einer Strömungssimulation in einem mikroskopischen Modell eines Faserbündels unter Queranströmung

4.4.1.2 Aufbau einer mesoskopischen Faserbündelsimulation zur Permeabilitätsvorhersage

Die mesoskopischen Textilmodelle charakterisieren sich durch das Abbilden der Faserbündelgeometrie und die Verflechtung solcher. In Softwareumgebungen mit denen Einheitszellenmodelle auf mesoskopischer Skala erstellt werden können (z. B. TexGen, WiseTex), werden Faserbündel mit elliptischen oder linsenförmigen Querschnitt abgebildet. Dies stimmt mit der Realität oft nicht überein, dient aber als schnelle und einfache Modellierung der Textilarchitekturen.

Hierbei wird die Anzahl der Faserbündel, die Lagenanzahl und die Faserbündeldimensionen (Höhe, Breite, Abstand) sowie die Textilarchitektur vorgegeben und ein Modell erstellt. Dieses lässt sich anschließend für Permeabilitätsbestimmungen mit geeigneter Software (z. B. OpenFoam, Ansys, FlowTex) durchströmen und die Permeabilitätswerte bestimmen. Allerdings führt die Infiltration von unkompaktierten Einheitszellen, ohne Nesting-Effekt und mit idealen Faserquerschnitten, zu überprognostizierten Werten. Der Grund hierfür liegt in den zu großen Strömungskanälen zwischen den einzelnen Faserbündeln, welche in der realen Faserarchitektur so nicht zu finden sind (vgl. Abb. 4.58).

Um realitätsnahe Faserbündelgeometrien zu erzeugen, wurden die Faserbündel in DigitPro ausgehend von der Umflechtsimulation modelliert. Hierbei wurden, die auf dem Flechtkern abgelegten, unendlich dünnen Schalenelemente verdoppelt und an den Elementrändern verbunden. Eine in PAM-CRASH (ESI Group) implementierte Druckfunktion (pressureFaceFunction) zwischen diesen Schalenelementen sorgte dafür, dass diese

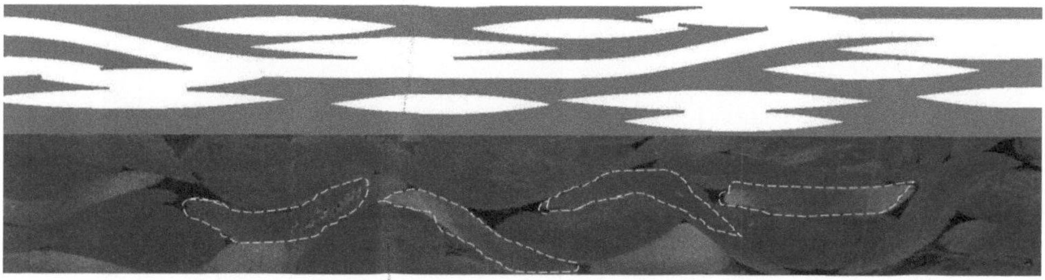

Abb. 4.58 Geometrischer Vergleich eines Einheitszellenmodells (ohne Kompaktierung und mit idealen Faserbündelquerschnitten; oben) mit einer realen triaxialen Geflechtfaserarchitektur (unten)

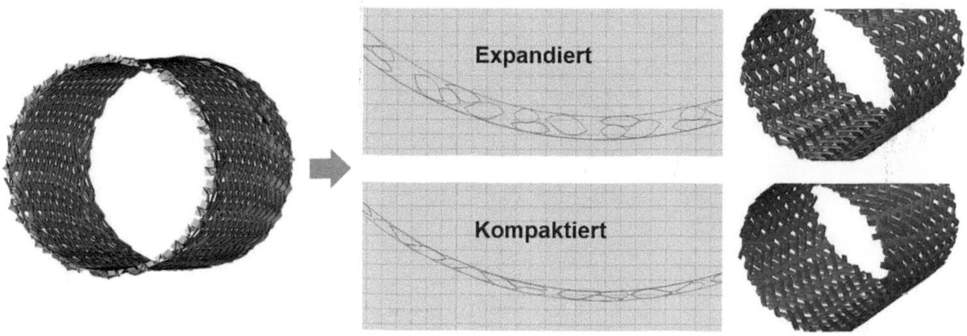

Abb. 4.59 Expansion und Kompaktierung der textilen Geflechtlagen in PAM-CRASH

expandierten. Um anschließend eine realitätsnahe Geometrie und einen realitätsnahen Faservolumengehalt zu erhalten wurden die textilen Lagen mit virtuellen Kavitätswänden (Werkzeugwänden) kompaktiert (vgl. Abb. 4.59).

Die Fasermodellierung, ausgehend von der Umflechtsimulation, ermöglicht eine lokale Permeabilitätsbestimmung an jeder Stelle des endkonturnahen Bauteils. Bei der Modellierung des generischen Bauteils, in DigitPro, konnten vier Faserlagen gleichzeitig expandiert, kompaktiert und anschließend infiltriert werden. Hiermit war es möglich Informationen über die Infiltrierbarkeit schon vor den ersten Materialtests zu erhalten und diese für die FEM-Füllsimulationen verfügbar zu machen.

4.4.1.3 Transfer in die makroskopische Bauteilsimulation zur Infiltrationsvorhersage

Der Transfer der Permeabilitätswerte von der mesoskopischen Strömungssimulation zur makroskopischen FEM-Füllsimulation, erfolgte durch ein inhouse Post-Processing-Tool. Die Permeabilitätswerte des mesoskopischen Modells wurden, mit Hilfe eines Zielrechennetzes, über die Lagendicke gemittelt und auf das Zielnetz übertragen. Durch Variation der Zielnetzauflösung (Anzahl und Dimension der einzelnen Shell-Elemente) und unter Berücksichtigung poröser Faserbündel, konnte gezeigt werden, dass mesoskopisches Füllverhalten in einer makroskopischen Simulation umgesetzt werden kann (vgl. Abb. 4.60).

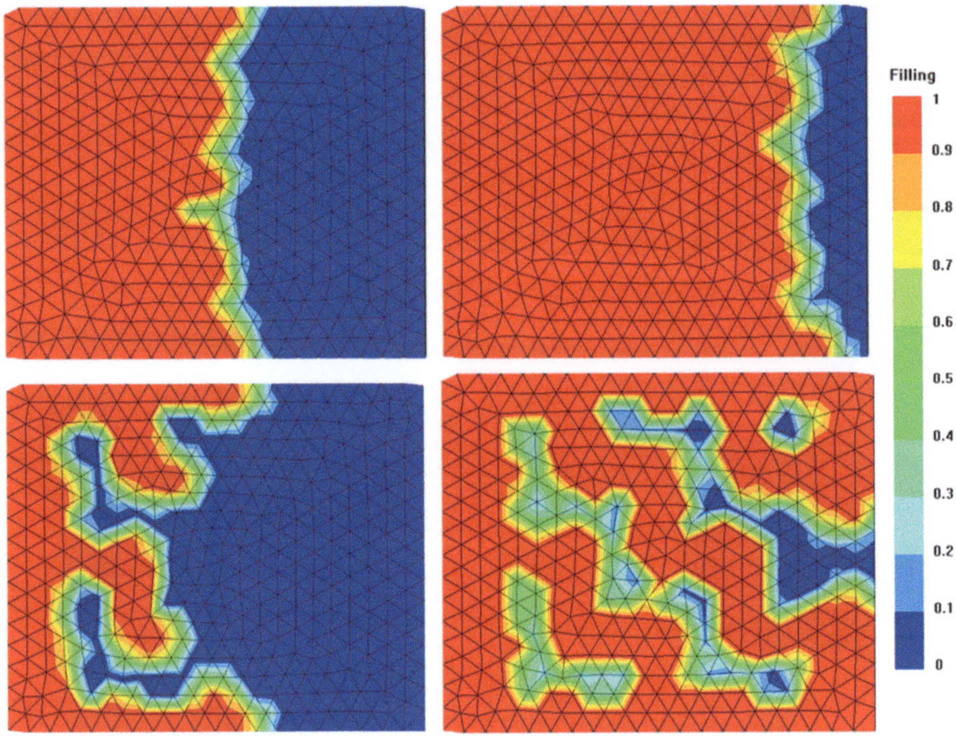

Abb. 4.60 Mikro-/Mesoskopische Füllcharakteristik in makroskopischer Simulation durch Variation der Zielnetzauflösung

4.4.2 Experimentelle Validierung

Um eine Aussagekraft über die zuvor vorhergesagten Permeabilitätswerte zu erhalten, ist eine experimentelle Validierung der Ergebnisse notwendig. Hierbei ist eine Skalen-Separation unumgänglich, da mikroskopische Permeabilitätswerte in einem herkömmlichen planaren Messstand, zur Bestimmung der Permeabilität, nicht ohne weiteres gemessen werden können.

Die Messung der Permeabilität unterliegt mitunter starken Schwankungen, da die Permeabilität sehr sensitiv auf Änderungen des Messablaufs reagiert. Kleinste Veränderungen, zum Beispiel im Preform-Handling, können Auswirkungen, von bis zu einer Größenordnung, auf die gemessene Permeabilität hervorrufen.

4.4.2.1 Planare Permeabilitätsbestimmung

Der makroskopische, planare Radialmessstand besteht aus einer unteren Werkzeughälfte, einer oberen Werkzeughälfte, Stahlversteifungen und einem Druckbehälter für eine Infiltration mit konstantem Druck. Die untere Werkzeughälfte wurde aus Aluminium hergestellt, hat eine variable Kavitätshöhe und eine rechteckige Form (vgl. Abb. 4.61). Die Abmessungen betragen 300 × 300 mm. In der Mitte des Messbereichs befindet sich das

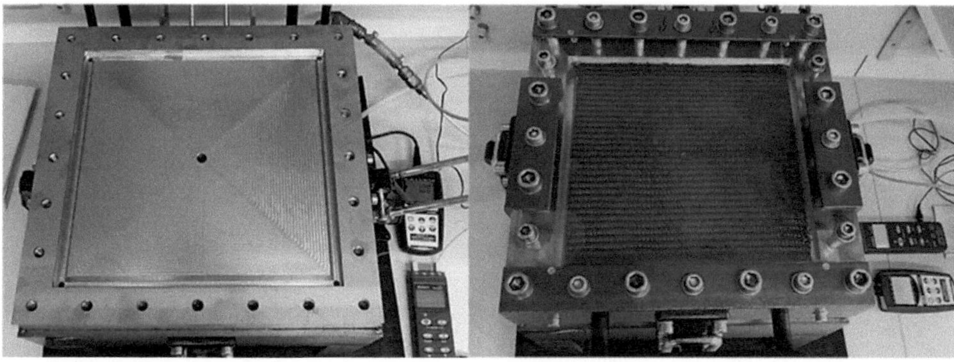

Abb. 4.61 Geöffneter makroskopischer Radialmessstand (links), geschlossener Messstand mit eingelegtem Preform (rechts) am Institut für Flugzeugbau

Einlassloch mit einem Durchmesser von 12 mm. An jeder Ecke dieses Bereichs befindet sich eine Entlüftung mit einem Durchmesser von 6 mm. Die obere Form wurde aus Acrylglas (PMMA, Elastizitätsmodul E = 3300 MPA) und Stahlversteifungen hergestellt, um Verformungen zu vermeiden. Die mittlere Herstellungsabweichung der Kavitätshöhe beträgt 0,04 mm. Der Druck wird digital vor dem Einlass überwacht. Der Innendurchmesser der Zuleitung beträgt 8,3 mm. Die Temperatur wurde am Druckbehälter und am Werkzeug gemessen. Der Prüfstand befindet sich in einem temperaturgeregelten Raum. Permeabilitätswerte wurden mit dem Algorithmus von Adams et al. [6] berechnet.

Permeabilitätsbestimmungen am Radialmessstand wurden mit 2 bar Infiltrationsdruck bei einer Temperatur von T = 21,9 °C, einem Faservolumengehalt von FVC = 37,8 %, einer Lage triaxialen 45° Geflechts mit einer Flächendichte von 680 g/m^2 durchgeführt. Die Ergebnisse zeigten eine homogene Strömungsfront. Die resultierenden effektiven Permeabilitätswerte für die virtuelle Infiltration sind K_I = 2,01 e-10 m^2, in Richtung der Stehfäden (0°), und K_{III} = 2,13 e 10 m^2 in Richtung der Flechtfäden (±45°).

4.4.2.2 Bestimmung der Dickenpermeabilität

Der Dickenpermeabilitätsmessstand wurde an einer Universalprüfmaschine Hegewald & Peschke Inspect 20-1 mit einem 25kN-Sensor montiert. Ein Video-Extensometer wurde im Aufbau implementiert, um die exakte Kavitätshöhe im Inneren der Form zu messen (vgl. Abb. 4.62, links). Während der Messungen wurden der Volumenstrom, die Raumtemperatur, die Werkzeugtemperatur und der Druck am Druckbehälter sowie der Druck innerhalb der Form gemessen. Die gesättigten Permeabilitätswerte wurden unter Verwendung des Darcy-Gesetzes [5], des Fluidvolumenstroms sowie des Drucks vor und nach dem triaxialen Kohlenstofffasergeflecht berechnet. Um das Fluid homogen zu verteilen und den Lagenaufbau zu kompaktieren, wurden Kompaktierungsplatten verwendet. Diese 10 mm dicken Metallplatten wiesen gleichmäßig verteilte Durchflussbohrungen mit unterschiedlichen Durchmessern auf, um das Fluid über die gesamte Textilprobe zu verteilen (vgl. Abb. 4.62, rechts). Nach dem Schließen des Messstandes und dem Kompaktieren des Lagenaufbaus wurde eine Relaxationszeit von 30 s eingehalten. Die

Abb. 4.62 Aufbau des Dickenpermeabilitätsmessstand und Peripherie am Institut für Flugzeugbau (links), Draufblick Fluiddistributions/-Kompaktierungsplatten

Messung wurde solange durchgeführt, bis Flüssigkeit am Auslass beobachtet wurde und das Glycerol für weitere 30 s floss.

Experimentelle Dickenpermeabilitätswerte zeigten eine gute Korrelation mit analytischen Lösungen von Gebart [7] und Knott [8], jedoch mehr Abweichungen von den simulierten Ergebnissen, die auf die Simulation von nur einer Textillage zurückzuführen sein könnten. Für zuverlässigere Ergebnisse müssen mehr Simulationen mit mehreren Lagen und stärkeren Nestingeffekten in Betracht gezogen werden. Zusätzlich wurden Kompaktierungsunterschiede in der Kavität durch die Verwendung von PMMA-Kompaktierungsplatten beobachtet. Faserbündel wurden teilweise in die Durchflusslöcher gedrückt, wodurch der Faservolumengehalt lokal reduziert wurde. Eine mittlere Abweichung der Kompaktierung und des Faservolumengehalts wurde mit der Mischungsregel, den Kompatierungsplatten mit Durchflussslöchern und Kompaktierungsplatten ohne Durchflusslöcher berechnet. Die Reduzierung des Faservolumengehalts im Bereich der Durchflusslöcher betrug 12,4 % im Vergleich zu den Bereichen ohne Durchflusslöcher.

4.4.2.3 Bestimmung der Faserbündelpermeabilität

Um die Faserbündelpermeabilität experimentell zu messen und die simulierten Ergebnisse zu validieren, wird das Prinzip des Kapillareffektes verwendet. Durch das Zusammenführen einzelner Filamente zu einem Faserbündel entstehen Lücken zwischen den Bündeln, die als Kapillare wirken. Diese Kapillare variieren in ihrem Querschnitt in Abhängigkeit vom Faservolumengehalt des Bündels, was die Imprägnierungsgeschwindigkeit beein-

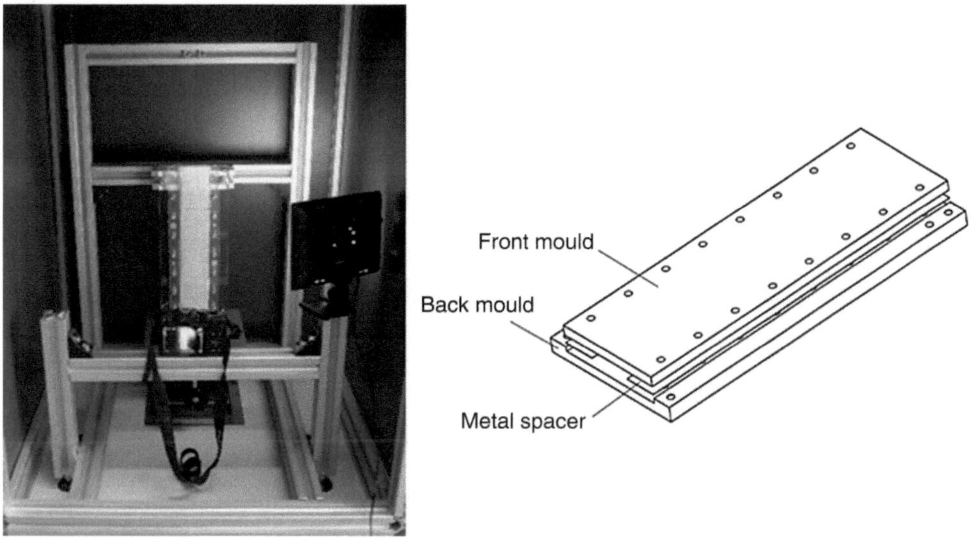

Abb. 4.63 Kapillarmessstand zur Messung der Faserbündelpermeabilität am Institut für Flugzeugbau

flusst. Die Herausforderung bei experimentellen Messungen bestand darin, die Faserbündelpermeabilität zu untersuchen, ohne dass Zwischenfaserströmungseffekte (intra yarn flow effects) auftreten. Um den Faservolumengehalt der Probe einzustellen, wurde aus einer Acrylglasform mit 0,1 mm und 0,2 mm Stahlabstandsblechen ein Kapillarprüfstand aufgebaut (vgl. Abb. 4.63). Bei jeder Messung wurde eine Lage Textil verwendet, um Nesting und Zwischenfaserfluss zu vermeiden. Eine CCD-Digitalkamera und ein Temperaturlogger wurden verwendet, um die Fließfrontentwicklung und die Temperatur zu überwachen, die durch eine Klimatisierung konstant gehalten wurde. Das Plexiglaswerkzeug wurde mit 16 × M4-Schrauben, die gleichmäßig am Rand verteilt waren, und einem Drehmoment von 10 Nm geschlossen. Um Verdampfung zu vermeiden, wurden das Flüssigkeitsreservoir und die Kavität gekapselt. Eine Messung des Fluidgewichts zeigte eine Reduktion von 0,2 g nach 96,5 Stunden, was eine Viskositätsreduktion von 0,86 % verursachte. Die durchschnittliche Testdauer betrug etwa 24 Stunden, weswegen Verdampfung vernachlässigt wurde.

Als Ersatzflüssigkeit wurde Glycerol 85 % mit einer dynamischen Viskosität von 109 mPas, bei einer Temperatur von 20 °C, verwendet. Der gemessene statische Kontaktwinkel $\theta = 52{,}96°$, die gemessenen Oberflächenspannung von $\sigma = 65{,}19$ mN/m und die Kapillardrücke von $p_{c\perp} = 15557{,}51$ Pa und $p_{c\parallel} = 27986{,}01$ Pa wurden zur Bestimmung der Permeabilität verwendet. Der Kapillardruck wurde mit der Young-Laplace-Gleichung (vgl. Gl. 4.6), einem Formfaktor $F_{\parallel} = 4$, $F_{\perp} = 2$ und einem Filamentdurchmesser von $d_f = 7$ µm bestimmt [12].

$$p_c = \frac{F}{d_f}\left(\frac{FVC}{1-FVC}\right)\sigma\cos\theta \qquad (4.8)$$

Für die Permeabilitätsuntersuchungen im Kapillarmessstand wurden unterschiedliche Materialien untersucht. Hierbei wurde auf UD-Material und Tapematerial zurückgegriffen, da diese eine Permeabilitätsbestimmung einzelner Faserbündel längs und quer zur Faserrichtung zulassen. Aufgrund verschiedener Textilarchitekturen wurden unterschiedliche Benetzungsphänomene beobachtet. Für die unidirektionalen Textilien wurde eine Fließfront beobachtet, die die Faserbündel transversal Bündel für Bündel imprägnierte. Aufgrund der Probenpositionierung konnten Schnellläufer an den Probenrändern nicht immer verhindert werden und die Imprägnierungsrichtung wechselte von der transversalen Faserrichtung hin zur longitudinalen Faserrichtung, was die Ergebnisse der Messungen beeinflusste. Daten aus diesen Messungen wurden nicht berücksichtigt. Darüber hinaus muss die Wirkung von Nähgarnen und Stichmustern auf Permeabilitätswerte in Kapillarprüfständen untersucht werden. Messungen des Kohlenstofffasertapematerials zeigten in jedem Versuch eine konstante Fließentwicklung, jedoch eine inhomogene Textilimprägnierung. Während der Messungen wurden vollständig imprägnierte Faserzonen aber auch trockene Bereiche beobachtet.

4.4.2.4 Permeabilitätsbestimmung in VARI-Infiltrationen

Experimentelle Permeabilitätswerte wurden optisch in einem Strukturbauteil während der VARI-Infiltration (vakuumunterstützte Harzinfusion) und in einem radialen Messstand mit fester Kavitätsdicke gemessen. Dabei wurde der Unterschied zwischen planarer Messung und Inline-VARI-Messung gezeigt. Für die VARI-Infiltration wurde eine generische Struktur mit dreieckigem Querschnitt mit abgerundeten Kanten und einer S-förmigen Form gewählt (vgl. Abb. 4.64).

Zur besseren Überwachung der Fließfront wurde während des Versuchs der Einsatz von Fließhilfe, perforierter Membran und Abreißgewebe unterlassen. Ein Faservolumengehalt von 50 % wurde angestrebt und wurde mit Veraschungsproben validiert. Es wurde ein Infiltrationsdruck von 0,88 bar und das Matrixsystem Baxxores® ER 5400/Baxxodur® EC 5440, der Firma BASF, mit einer dynamischen Viskosität von $\eta = 323{,}1$ mPas bei ($T = 21$ °C) eingesetzt. Die mittlere Permeabilität in Fließfrontrichtung in der ersten Messfläche wurde zu K_I = 1,24 e-11 m^2 bestimmt. Die zweite Messfläche wurde wegen der zunehmenden

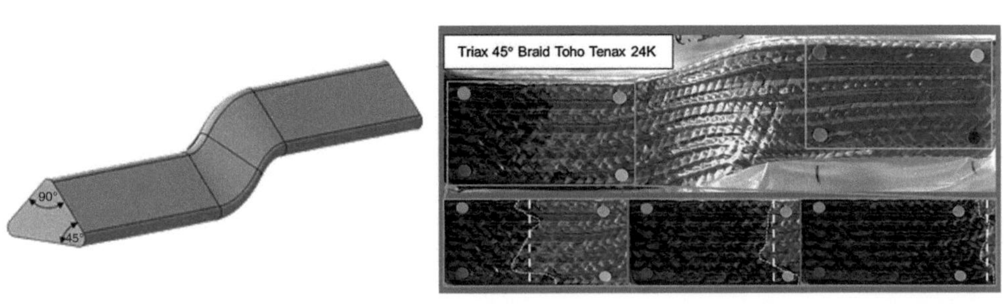

Abb. 4.64 Generisches Bauteil für die VARI-Infiltration (links); Permeabilitätsmessung während der VARI-Infiltration

Abb. 4.65 Zwei-Skalen Effekt während einer VARI-Infiltration in einem triaxialen Geflecht

Viskositätsänderung des Epoxidharzes nicht berücksichtigt. Die VARI-Infiltration zeigte am Anfang eine inhomogene Fließfront. Gegen Ende des Füllprozesses stellte sich eine homogenere Fließfront ein. Dies ist zurückzuführen auf die Verwendung eines triaxialen Geflechts als Preform, der Verwendung einer flexiblen Membran als Werkzeugformersatz und der Änderung des Bedeckungsverhältnisses und der Faserorientierungen, die durch die Flechtmaschine hervorgerufen wurden. Die Fließfront schien entlang der Stehfäden, die entlang der Längsachse des Bauteils orientiert waren und weniger Ondulation als die Flechtfäden aufwiesen, schneller zu sein. Der langsamere Imprägnierungsfortschritt am Ende des Füllprozesses verringerte diesen Einfluss, eliminierte ihn jedoch nicht. Ein weiterer Effekt, der beobachtet werden konnte, war der ausgeprägte Zwei-Skalen-Fluss (dual scale flow). Hierbei wurden die Kanäle zwischen den Garnen schneller imprägniert als die Garne selbst (vgl. Abb. 4.65).

4.4.3 Zusammenfassung

Zusammenfassend konnte im Digitalen Prototyp gezeigt werden, dass eine Vorhersage der Permeabilität textiler Faserarchitekturen durch die Modellierung der unterschiedlichen textilen Skalen möglich ist. Ebenso konnte gezeigt werden, dass diese Vorhersage für FEM-basierte Füllsimulationen verwendet werden kann und dass dadurch mikroskopische und mesoskopische Effekte bei der Infiltration ihren Weg in schnelle makroskopische Simulationen finden können. Zur Validierung der numerisch vorhergesagten Permeabilitätswerte wurden die verschiedenen Messstände vorgestellt und ihre Vor- und Nachteile beleuchtet.

Literatur

1. Rosenbaum, J. U.: Flechten. Rationelle Fertigung faserverstärkter Kunststoffbauteile 1991.
2. D13 Committee: Standard Test Method for Stiffness of Fabrics. Cantilever Test Designation: D 1388 – 07 (2007) D1388-07. Abruf-datum 07.11.2014.
3. DIN: Kunststoffe – Bestimmung der Reibungskoeffizienten 83.140.10 (1995) 8295.
4. ESI Group: Solver Reference Manual 2013.
5. H. Darcy, Les fontaines publiques de la ville de Dijon. Exposition et application des principes à suivre et des formules à employer dans les questions de distribution d'eau: Ouvrage terminé par un appendice relatif aux fournitures d'eau de plusieurs villes au filtrage des eaux et à la fabrication des tuyaux de fonte, de plomb, de tole et de bitume, Dalmont, 1856
6. Adams, K.L.; Russel, W.B.; Rebenfeld, L.: „Radial penetration of a viscous liquid into a planar anisotropic porous medium". International Journal of Multiphase Flow, 2, pp. 203–215, 1988
7. B. R. Gebart. „Permeability of unidirectional reinforcements for RTM." Journal of Composite Materials, Vol. 26, No. 8, p. 1100–1133, 1992.
8. T. W Knott, A. C. Loos. „Resin Film Infusion (RFI) Process Modeling for Large Transport Aircraft Wing Structures." NASA Technical Report, 2000.
9. Pickett, A. K.; Erber, A.; Reden, T. von; Drechsler, K.: Compari-son of analytical and finite element simulation of 2D braiding. In: Plastics, Rubber and Composites 38 (2009) 9/10, S. 387–95.
10. Böhler, P.; Michaelis M.; Heieck, F.; Middendorf, P.: Numerical prediction and experimental validation of triaxally braided fiber architecture on curved mandrels. In: TexComp 11 (2013).
11. G. Catalanotti. Catalanotti G. On the generation of rve-based models of composites reinforced with long fibres or spherical particles. Compos Struct.,138:84–95, 2016.
12. S. C. Amico and C. Lekakou. „Axial impregnation of a fiber bundle. Part 2: Theoretical analysis". Polymer Composites, 23(2):264–273, 2002.

Mapping – Übertragung der Ergebnisse der Prozesssimulation auf die Struktursimulation

5

Christian Liebold und André Haufe

Das Übertragen oder auch Mappen von Simulationsergebnissen von einem Prozessschritt auf den Nachfolgenden stellt einen zentralen Bestandteil des Digitalen Prototyps dar. Hierfür wurde das Tool envyo® verwendet und weiterentwickelt. Im Folgenden werden die entwickelten Übertragungsmethoden zwischen den verschiedenen Prozessschritten vorgestellt und diskutiert. Abb. 5.1 zeigt den Prozessablauf, wie er im Rahmen des Projektes für ein Flechtbauteil und ein mit der Open-Reed-Weaving (ORW) Technik hergestellten Bauteils betrachtet wurde.

Exemplarisch wurde das Mapping beziehungsweise der Digitale Prototyp an den beiden Prozessketten, Flechten und ORW getestet. Die vorgestellten Methoden zum Mapping und zur Homogenisierung sind aufgrund der verwendeten Diskretisierungen sowohl im Simulationsnetz der Prozess- oder Herstellsimulation, als auch im Netz für die Strukturberechnungen identisch. Dies ist zurückzuführen auf die Herstellsimulation des ORW-Bauteils, welche genau wie die Flechtsimulation aus Balkenelementen aufgebaut ist. Für die Herstellsimulation des Flechtbauteils werden zusätzlich auch Schalenelemente verwendet, wodurch der Mappingansatz für diese Modellierung angepasst werden muss. Die Zielnetze für die Strukturanalyse bestehen aus Schalenelementen mit mehreren Integrationspunkten über der Dicke, die den Lagenaufbau des gefertigten Bauteils auf Integrationspunktebene berücksichtigen können (layered shell). Alternativ können auch geschichtete Schalenelemente (stacked shell) verwendet werden, die durch die separate Diskretisierung der Einzelschichten einem mehrlagigen Aufbau, wie zum Beispiel einem mehrfach überflochtenem Demonstratorbauteil gerecht werden. Dies erlaubt auch zusätzliche Delaminationskriterien einzuführen und somit eine höhere Genauigkeit in der Vorhersagegüte zu erzielen. Die Unterschiede in den Quellnetzen, mit den verschiedenen

C. Liebold (✉) · A. Haufe
DYNAmore GmbH, Stuttgart, Deutschland
E-Mail: christian.liebold@dynamore.de; andre.haufe@dynamore.de

J. Dittmann, P. Middendorf (Hrsg.), *Der digitale Prototyp*, ARENA2036,
https://doi.org/10.1007/978-3-662-58957-1_5

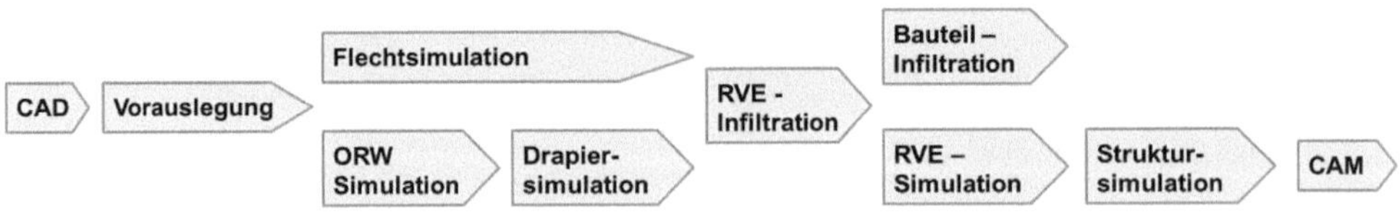

Abb. 5.1 Darstellung der Prozesskette vom Computer Aided Design (CAD) zum Computer Aided Manufacturing (CAM)

Diskretisierungsansätzen und die entsprechenden Zielnetze für die Struktursimulation sind in Abb. 5.2 gezeigt.

Im Folgenden werden die in envyo® realisierten Übertragungsmethoden, so wie sie im Rahmen des Digitalen Prototyp implementiert und evaluiert wurden, vorgestellt. Die zu übertragenden Größen sind vorrangig die Faserorientierung als Ergebnis der Prozesssimulation sowie in weiterentwickelten Methoden die Dickenverteilung, die aus den Abständen der einzelnen Faserlagen abgeschätzt werden kann. Außerdem erlaubt das Zusammenfassen der verschiedenen Modellbereiche (parts) die Zuweisung spezieller Materialkarten, wie sie aus repräsentativen Volumenelementen (RVE) im Rahmen von mikroskopischen Struktursimulationen (virtuelles Testen) gewonnen werden können. Letzteres stellt einen alternativen Ansatz zur Übertragung der Materialeigenschaften im Vergleich zu den zuerst genannten Methoden dar. Ein vorangestellter Abschnitt gibt einen generellen Überblick über den Programmablauf des Mappingprozesses. Im letzten Abschnitt wird auf die Möglichkeiten, aber auch die Einschränkungen des Mappingprozesses eingegangen.

5.1 Genereller Programmablauf

In diesem Unterabschnitt soll auf die Funktionsweise des Mappingprogramms envyo® 2018 eingegangen werden.

Das Programm wird zusammen mit einer ASCII (American Standard Code for Information Interchange) basierten Kontrolldatei gestartet, welche unter Linux oder der Windows Konsole mit dem Befehl envyo i = mapping_info.in aufgerufen wird. In der Windowsumgebung kann außerdem der Start über „Drag&Drop“ erfolgen.

In der Kontrolldatei, welche hier exemplarisch mit „mapping_info.in“ bezeichnet wird, sind die für das Mapping relevanten Informationen hinterlegt. Diese sind Beispielsweise: Quellnetz, Zielnetz, Diskretisierung der jeweiligen Netze, Integrationsregeln, optionale Informationen zu den jeweils verwendeten Materialmodellen und weitere Manipulatoren, zwischen denen der Anwender wählen kann.

In einem ersten Schritt werden sowohl Quell- als auch Zielnetz vom Mapping-Programm eingelesen und im Zwischenspeicher abgelegt. Dabei werden entsprechende Konnektivitäten erkannt, Elemente zugeordnet und die Informationen auf Integrations-, Element- oder Knotenebene abgelegt. Sollten Ziel- und Ausgangsgeometrie nicht im selben Koordinatensystem vorliegen, hat der Anwender die Möglichkeit, zwischen einem

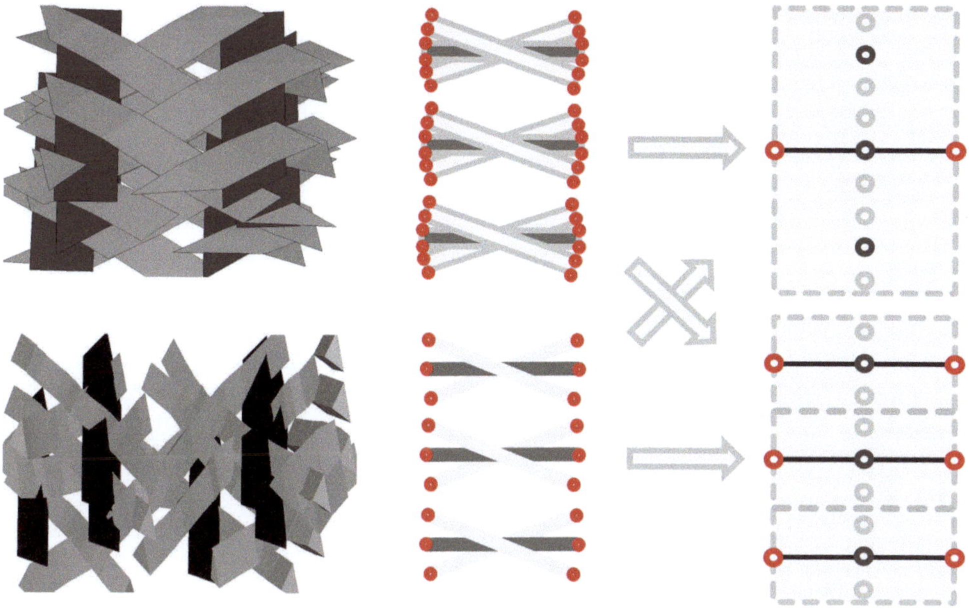

Abb. 5.2 Darstellung der verschiedenen Mappingansätze. Mögliche Diskretisierungen aus der Prozesssimulation mit Schalen- (l.o.) oder Balkenelementen (aus Konsistenzgründen) sind mittig vereinfacht dargestellt. Rechts ist der layered-shell-Ansatz (o) und der stacked-shell-Ansatz visualisiert (u). Verstärkungsfäden sind schwarz dargestellt, Flechtfäden hellgrau. Knoten sind rot gekennzeichnet, Integrationspunkte entweder grau (Flechtfäden) oder schwarz (Verstärkungsfäden)

halbautomatischen Iterative Closest Point (ICP) Algorithmus oder einem vollautomatischen 4-Point Congruent Sets Algorithmus zum Einschwimmen der Geometrien aufeinander zu wählen. Dabei werden global definierte Informationen wie zum Beispiel Faserrichtungen entsprechend transformiert, um auch weiterhin Gültigkeit für ein valides Mapping zu besitzen.

Ist die Transformation abgeschlossen, werden zuerst Informationen übertragen, die auf Elementebene abgelegt werden. Dafür werden sowohl für das Ziel- als auch das Quellnetz sogenannte Punktwolken in den Mittelpunkten der Elemente gebildet. Anschließend wird für jeden Punkt im Zielnetz ein entsprechender Suchalgorithmus gestartet, welcher vom Anwender zu definieren ist. Diese verschiedenen Algorithmen sind in den folgenden Abschnitten erklärt. Ist das Mapping auf Elementebene abgeschlossen, wird in einem weiteren Schritt ein Mapping auf Integrationspunktebene durchgeführt. Dafür werden wieder Punktwolken erzeugt, welche dieses Mal auf Basis der Integrationspunkte beruhen. Anschließend wird für jeden einzelnen Integrationspunkt ein entsprechender nächster Nachbarpunkt gesucht. Das vorangestellte Mapping auf Elementebene ist nötig, um die Lage der Integrationspunkte basierend auf einer variierenden Dickenverteilung auf Elementebene korrekt bestimmen zu können. Auf Elementebene werden typischerweise Dicken- und Orientierungsinformationen übertragen, während auf Integrationspunktebene Spannungen,

Dehnungen und Zeitstempelvariablen übertragen werden. Eine Anwendung für knotenbasiertes Übertragen von Informationen ist beispielsweise die Übertragung von Temperaturgrößen, da diese üblicherweise dort gespeichert werden. Ein Sortierverfahren sorgt dafür, dass sich der zeitliche Aufwand für das Suchen der benachbarten Punkte im Ziel- und Quellnetz in Grenzen hält.

Sobald die Übertragung aller Informationen abgeschlossen ist, wird in problemspezifischen Nachlaufrechnungen noch einmal eine Anpassung der physikalischen Parameter vorgenommen, so dass ein konsistentes Mapping stattfindet. In einem abschließenden Schritt werden die übertragenen und homogenisierten Informationen in einer löserspezifischen Include-Datei herausgeschrieben. Nun kann eine weitere Simulation durchgeführt werden und somit ist die Kette zwischen Prozess- und Strukturanalyse geschlossen. Durch die beschriebenen Verfahren wird sichergestellt, dass relevante Informationen aus vorangestellten Simulationen korrekt auf andere Diskretisierungen übertragen werden.

5.2 Ansatz des nächsten Nachbarn

Der Ansatz des nächsten Nachbarn ist der einfachste denkbare Ansatz zur Übertragung von Informationen aus der Prozesssimulation auf die Strukturanalyse. In diesem wird basierend auf den Elementmittelpunkten im Quellnetz nach Elementmittelpunkten im Zielnetz gesucht. Auf den Mittelpunkten des Quellnetzes werden beim Einlesen die Faserrichtungen initialisiert und als Vektorgröße für die hier betrachteten Prozesssimulationen im globalen Koordinatensystem hinterlegt. Dieser Schritt ist nötig, da nicht jedes der hier verwendeten Simulationsprogramme die Informationen so herausschreibt, dass sie für envyo® interpretierbar sind. Somit behilft man sich mit der Annahme, dass die Orientierung entlang der Knotennummerierung von Knotennummer #1 zu Knotennummer #2 in der Eingabereihenfolge im Input-Deck ausgerichtet wird und initialisiert so die Orientierung global auf den Elementmittelpunkten im Quellnetz. Anschließend wird ausgehend vom Zielnetz nach diesen Elementmittelpunkten gesucht, welche am Nächsten an den Mittelpunkten der Elemente im Zielnetz liegen. Hierfür wird der eingangs gewählte Suchradius, welcher der durchschnittlichen Elementkantenlänge im Zielnetz entspricht schrittweise vergrößert. Dies geschieht bis alle in der Input-Datei definierten Elemente beziehungsweise Faserrichtungen, die durch diese Elemente repräsentiert werden gefunden worden sind. Diese werden danach in der Reihenfolge der Nutzereingabe auf den entsprechenden Integrationspunkten abgelegt, so dass die Faserondulation bei diesem Mapping-Ansatz nicht berücksichtigt wird. Außerdem wird jeder Integrationspunkt mit den entsprechend der Input-Datei definierten Faserrichtungen belegt. Eine Berücksichtigung von Matrixgebieten wird bei diesem Mappingansatz noch nicht realisiert.

5.3 Zusätzliche Berücksichtigung von Suchradien

Wie im vorangegangenen Abschnitt schon angedeutet, ist eine direkte Nachbarschaftssuche ohne Berücksichtigung entsprechender Suchradien nicht ideal. Insbesondere werden für Faserverbundwerkstoffe nach dieser Methode jedem Integrationspunkt Faserrichtungen und ein entsprechendes Materialmodell zugewiesen, wobei matrixreiche Stellen, die Reinharzgebiete charakterisieren nicht berücksichtigt werden. Aus diesem Grund wurde der Algorithmus um eine Suchradien-Option erweitert. Hierbei werden die gefundenen Punkte des Quellnetzes auf das Zielnetz projiziert und getestet, ob diese sich in einem bestimmten Abstand zum Elementmittelpunkt befinden. Wird kein Punkt innerhalb des Suchradius gefunden, so wird der Lage eine Matrixphase zugewiesen. Dies geschieht entweder direkt über eine Materialidentifikationsnummer, die der Nutzer selbst in der Input-Datei definiert oder über einen Standardwert, der in Abwesenheit einer Benutzereingabe zugewiesen wird.

Zu beachten ist, dass die Nutzereingabe für den Suchradius ein Skalierungsfaktor auf den initialen Suchradius ist, der sich aus der durchschnittlichen Elementkantenlänge ergibt. Des Weiteren werden bei dieser Methode die Faserbündel in der Reihenfolge der Benutzereingabe in Normalenrichtung zum Zielnetz eingetragen. Ein Mapping in Materialdickenrichtung am Integrationspunkt IP erfolgt wie beim Ansatz des nächsten Nachbarn über die Addition der einzelnen Dicken t_i im Quellnetz und der Division mit der Anzahl an Fasern $n_{Schichten}$, die in der Input-Datei definiert sind:

$$t_{IP} = \frac{\sum_{i=0}^{n_{Schichten}} t_i}{n_{Schichten}}. \tag{5.1}$$

In dieser Gleichung wird der Matrixschicht die Dicke des an dieser Stelle fehlenden Faserbündels unter der Annahme einer optimalen Kompaktierung (kein Abstand zwischen den Faserbündeln) zugeordnet. Dadurch ergibt sich eine Gleichverteilung der Materialdicken über den Integrationspunkten.

5.4 Berücksichtigung der Faserondulation

Die Methoden zur Berücksichtigung der Faserondulation sind die bis hierhin am weitesten entwickelten Mappingmethoden für Geflecht- oder ORW-Strukturen. Hierbei wurde sowohl die Dickenübertragung noch einmal erweitert als auch eine Berücksichtigung der Faserorientierung ohne vorgegebene Reihenfolge, sondern durch den Abstand zum Zielnetz realisiert. Daher zeigt diese Methode auch von Element zu Element und von Integrationspunkt zu Integrationspunkt wechselnde Orientierungen, welche die Ablagereihenfolge der Flechtfäden repräsentieren. Eine Berücksichtigung von Matrixbereichen ist ebenso möglich und wird ausführlicher in der Berechnung der Lagendicke behandelt. Des Weiteren wird der tatsächliche Abstand zwischen der am nächsten am Flechtkern und am weitesten vom Flechtkern entfernten Faser zur Dickenberechnung herangezogen. Dabei muss die Hälfte der lokalen Materialdicken der entsprechenden Faserbündel hinzugezogen werden. Dadurch kann eine präzisere Aussage über die Dickenverteilung im Bauteil getroffen werden. Die Positionen der am nächsten und am weitesten vom Flechtkern entfernten Faserbündel sind als p_{min} und p_{max} definiert. Daher ergibt sich die lokal zu übertragende Materialdicke zu:

$$t_{Ziel} = \left| p_{min} p_{max} \right| + 0.5 * \left(t_{min} + t_{max} \right). \tag{5.2}$$

Hier werden in einem ersten Schritt alle Faserbündel gesucht, die in der Inputdatei definiert sind. Anschließend werden diese darauf getestet, ob sie sich innerhalb eines Suchradius zum Zielelement befinden. Ist dies nicht der Fall, liegt ein Matrixbereich vor. Es wird die Annahme getroffen, dass die fehlenden Faserbündel mit entsprechender Dicke exakt durch Matrixmaterial ersetzt werden. Die theoretisch vorliegende maximale Gesamtdicke t_{th} ergibt sich somit aus der Summe der Einzeldicken aller Faserbündel:

$$t_{th} = \sum_{i=0}^{n_{Schichten}} t_i . \tag{5.3}$$

Werden keine oder nur ein Faserbündel gefunden, dann entspricht die zu übertragende Zieldicke t_{Ziel} der theoretischen Gesamtdicke t_{th}.

Da aber möglicherweise nicht alle Faserbündel übertragen werden, ergibt sich die verbleibende Matrixdicke am Integrationspunkt $t_{mat,IP}$ zu:

$$t_{mat,IP} = \left(t_{th} - t_{fib} \right) / n_{mat} . \tag{5.4}$$

Hierbei ist t_{fib} die tatsächliche Gesamtdicke aller gefundenen Faserbündel und n_{mat} die Anzahl der nicht gefundenen Faserrichtungen beziehungsweise die Anzahl der Matrixschichten.

Im nächsten Schritt wird geprüft, ob die ermittelte Gesamtdicke größer ist als eine vom Benutzer vorgegebene Gesamtdicke. Ist dies der Fall, wird die ermittelte Dicke t_{Ziel} von dieser Nutzereingabe überschrieben. Dies ist nötig, da für eine erste Ermittlung von t_{Ziel} nicht berücksichtigt wird, ob sich die Faserbündel auf das Element mit einem entsprechenden Suchradius projizieren lassen. Dies kann dazu führen, dass die Dicke t_{Ziel} überproportional groß wird und somit vom Nutzer korrigiert werden muss. Außerdem wird hierbei einem möglichen Infiltrationsprozess vorgegriffen, der in der Regel auch eine Zieldicke für das fertige Bauteil vorsieht.

In einem letzten Schritt des Dickenmappings wird überprüft, ob die berechnete Zieldicke t_{Ziel} größer oder kleiner beziehungsweise gleich der theoretisch übertragenen Gesamtdicke t_{th} ist. Sofern $t_{Ziel} > t_{th}$, werden die gefundenen Einzelschichtdicken auch den entsprechenden Integrationspunkten zugewiesen. Die Schichtdicken für nicht gefundene Faserbündelrichtungen (Matrixmaterial) ergeben sich aus der Differenz der Zieldicke und der gefundenen Faserbündeldicken, welche durch die Anzahl der Matrixschichten dividiert wird.

Wenn $t_{Ziel} \leq t_{th}$, so wird davon ausgegangen, dass eine Kompaktierung vorliegt. Matrixbereichen wird zuerst die Einzeldicke $t_{mat,\,IP}$ zugewiesen, den Faserbündelbereichen die entsprechende Faserbündeldicke. Anschließend werden diese gewichtet, so dass sich die Einzellagendicke zu:

$$t_{IP} = \frac{t_{IP,\sec}}{t_{th}} t_{Ziel} \tag{5.4}$$

ergibt. Dabei ist $t_{IP,\,sec}$ die berechnete und übertragene Einzelschichtdicke von Faserbündel oder Matrix.

5.5 Detektieren von repräsentativen Volumenelementen

Die letzte im Rahmen des Digitalen Prototyps entwickelte Mapping-Methode stellt die Möglichkeit zur Erkennung von repräsentativen Volumenelementen (RVE) im Quellnetz dar. Dabei muss der Anwender die Faserbündel in der mapping_info.in Datei eindeutig als Flecht- oder Stehfäden deklarieren, damit diese vom Suchalgorithmus richtig erkannt werden können. Den so vom Algorithmus gefundenen RVEs können anschließend entsprechende Materialeigenschaften zugeordnet werden, welche der Nutzer zum Beispiel in einer Materialdatenbank oder in dem hier entwickelten HDF5 Datencontainer abgelegt hat (siehe Kap. 8).

Weitere Nutzeroptionen sind, wie in den vorangegangenen Methoden ein Suchradius, eine Zieldicke, eine Materialidentifikationsnummer für reine Matrixgebiete sowie ein Prozentwert zwischen null und eins. Letzterer hilft bei der Entscheidung, ob genug Faserbündel in einer bestimmten Richtung vorliegen, so dass sie zum RVE gerechnet werden können. Außerdem muss der Nutzer angeben, wie viele RVEs er über die Dicke im Zielnetz abbilden will. Entsprechend viele Suchiterationen werden wiederholt, bis die entsprechenden RVEs gefunden sind.

In einem ersten Schritt werden alle Faserbündel gesucht, die in einem bestimmten Suchradius liegen. Auch hier ist der in der Eingabedatei definierte Suchradius ein Skalierungsfaktor auf die Elementkantenlänge des Elements, von welchem aus gesucht wird. Alle so gefundenen Faserbündel werden zwischengespeichert.

Für ein Dickenmapping wird der Abstand zwischen dem zum Flechtkern am nächsten liegenden Faserbündel und dem am weitesten entfernten Faserbündel berechnet. Wie in Gl. 5.2 dargestellt, wird die jeweils halbe Dicke des gefundenen Faserbündels addiert, um die Gesamtdicke zu bestimmen. Ist diese Dicke sehr klein, weil zum Beispiel kein Faserbündel gefunden wird, so wird die Dicke aus der Nutzereingabe diesem Integrationspunkt zugewiesen und als Matrixgebiet interpretiert, indem die entsprechende Materialidentifikationsnummer für das Matrixsystem zugewiesen wird.

Um in einer Nachlaufrechnung die RVEs zu detektieren und die für das RVE vorliegende Materialrichtung zu bestimmen, wird nochmals über alle gefundenen Faserbündel für jeden Integrationspunkt iteriert. Dabei wird zuerst getestet, ob es sich um eine einzelne Faserrichtung, ein biaxiales Geflecht oder ein triaxiales Geflecht handelt. Hierfür wird ausgewertet, wie viele Faserbündel von jeder Orientierung (zwei Flechtfäden, ein Verstärkungsfaden) gefunden wurden. Anschließend werden die prozentualen Anteile der einzelnen Faserbündelrichtungen bestimmt und mit dem Wert aus der Nutzereingabe verglichen. Liegen sie darunter, so werden sie in den weiterführenden Rechnungen ignoriert. Liegen nach diesem Schritt nur noch zwei Faserbündelrichtungen vor, so handelt es sich lokal um ein biaxiales Geflecht. Liegt nur noch eine Faserbündelrichtung vor, so wird von einer unidirektionalen Faserbündellage ausgegangen. Sind keine Faserbündel mehr vorhanden, so handelt es sich um ein Matrixgebiet ohne Faserbündel.

Anschließend werden die verbleibenden Faserbündel weiter verrechnet. Liegen drei Faserbündelrichtungen vor, so werden die vom Anwender als Verstärkungsfaser gekennzeichneten Faserbündel auf das Zielnetz projiziert und die mittlere Orientierung im Vergleich zur Elementkantenlänge bestimmt. Das gleiche wird für die als Flechtfäden gekennzeichneten Faserbündelrichtungen durchgeführt. Nun wird der relative Winkel zwischen den Flechtfäden und dem Verstärkungsfaden bestimmt. Auch diese beiden Winkel werden nochmals gemittelt, damit von einer idealen Orientierung von +/− 30° oder +/− 45° ausgegangen werden kann. Zuletzt wird dem Integrationspunkt die Materialkarte zugewiesen, die am ehesten zum berechneten Zwischenfaserwinkel passt. Dabei erkennt das Programm, dass eine Materialidentifikationsnummer, die dem Eintrag *TRIAX_30* in der Input-Datei zugeordnet ist, ein Triaxialgeflecht mit +/− 30° Orientierung definiert. Ein *TRIAX_45* definiert ein Triaxialgeflecht mit +/− 45° Orientierung. Dies kann entsprechen auf alle anderen Winkel angewandt werden.

Wenn nur noch zwei Faserbündelrichtungen vorliegen, wird automatisch von einem biaxialen Geflecht ausgegangen. Dabei ist es für die Bestimmung des RVEs und der mittleren Orientierung unerheblich, ob sich das erkannte Geflecht aus einem Verstärkungs- und einem Flechtfaden oder aus zwei Flechtfäden zusammensetzt. Wie im Fall des triaxialen Geflechts werden auch hier die Orientierungen auf das Zielnetz projiziert und ein gemittelter Orientierungswinkel für jede Faserrichtung bestimmt. Der aus beiden Orientierungen bestimmte mittlere Orientierungswinkel ergibt den Orientierungswinkel, welcher auf das Elementkoordinatensystem bezogen wird. Die zuzuordnende Materialidentifikationsnummer ergibt sich aus dem Winkel zwischen den beiden Faserbündeln und wird analog zum Triaxialgeflecht zugeordnet. Die Bezeichnungen in der Kommandodatei sind *BIAX_30* für ein 30° Geflecht sowie *BIAX_45 für* ein 45° Geflecht.

Liegt nur noch eine Faserbündelrichtung vor, so wird von einer unidirektionalen Lage ausgegangen und die unter *UD* im Input-File hinterlegte Materialidentifikationsnummer zugeordnet. Alle gefundenen Faserbündel werden auf die Mittelebene projiziert und es wird der gemittelte Relativwinkel zum Elementkoordinatensystem berechnet. Dieser Winkel wird am Integrationspunkt des Zielnetzes der RVE zugewiesen.

Wird keine Faser gefunden, so wird von einem Matrixgebiet ausgegangen und die entsprechende Identifikationsnummer aus der Input-Datei zugewiesen. Eine Orientierung wird nicht übertragen, da von einem isotropen Matrixmaterialmodell ausgegangen wird.

5.6 Eindeutigkeit der Übertragungen

In diesem letzten Abschnitt zu den entwickelten Mappingmethoden zur Übertragung von Faserbündelorientierungen und -dicken aus vorangegangenen Flecht- oder Websimulationen soll auf die Problematik der Eindeutigkeit eingegangen werden. Dabei ist die wichtigste Erkenntnis, dass ein Mappingprogramm nicht in der Lage ist, Fehler oder fehlende Informationen aus der vorangegangenen Prozesssimulation zu korrigieren, um dadurch die Genauigkeit in der Struktursimulation zu erhöhen. Vielmehr steckt in den entwickelten Routinen die Annahme, dass die benötigten Informationen, wie Faserbündeldicke, Abstand der Faserbündel zueinander und Faserbündelorientierung ein validiertes Ergebnis der Prozesssimulation sind und somit entsprechend übertragen werden können. Des Weiteren ist ein Mappingschritt nicht in der Lage, nicht vorhandene Möglichkeiten zur Modellierung von entsprechenden Größen im Zielnetz beziehungsweise der Zielsimulationssoftware zu korrigieren. Es besteht lediglich die Möglichkeit dem Anwender ein Werkzeug an die Hand zu geben, welches ihn dabei unterstützt entsprechende Homogenisierungen durchzuführen, welche unter den gegebenen Randbedingungen des Zielnetzes und des Zielsimulationsprogramms weiterverwendet werden können. Dabei liegt die Verantwortung beim Anwender zu entscheiden, welche Homogenisierungsmethoden sich eignen und welche nicht. Die Problematiken werden an den Beispielen der im Digitalen Prototyp aufgetretenen Homogenisierungsschwierigkeiten dargestellt.

Als erstes Beispiel sei hier die Übertragung der Faserbündelorientierung erwähnt. In Abb. 5.3 ist dargestellt, wie die Faserorientierung als Ergebnis aus der hier verwendeten Flechtprozesssimulation vorliegt. Da keine Datei übergeben wurde, welche die lokale Materialorientierung etwa als Referenzwinkel zum Elementkoordinatensystem oder gar in einem globalen Koordinatensystem als Richtungsvektor beschreibt, wurde näherungsweise angenommen, dass sich die Faserbündelorientierungen entlang der Elementorientierung beziehungsweise der Richtung von Knotennummer #1 zur Knotennummer #2, in der Elementdefinition befindet. Wie man in Abb. 5.3 sieht, trifft diese Annahme für die Flechtfäden, hier in blau und grün dargestellt zu. Für die Verstärkungsfäden in lila trifft dies allerdings nicht zu. Diese zeigen näherungsweise in einem Winkel von etwa 30° zur eigentlichen Flechtrichtung. Somit ist ein Fehler im Mapping für alle Routinen, die oben vorgestellt sind vorbestimmt. Eine Möglichkeit, diese Problematik zu umgehen wäre in einer zusätzlichen Routine nach dem Einlesen des Quellnetzes nach den freien Kanten im

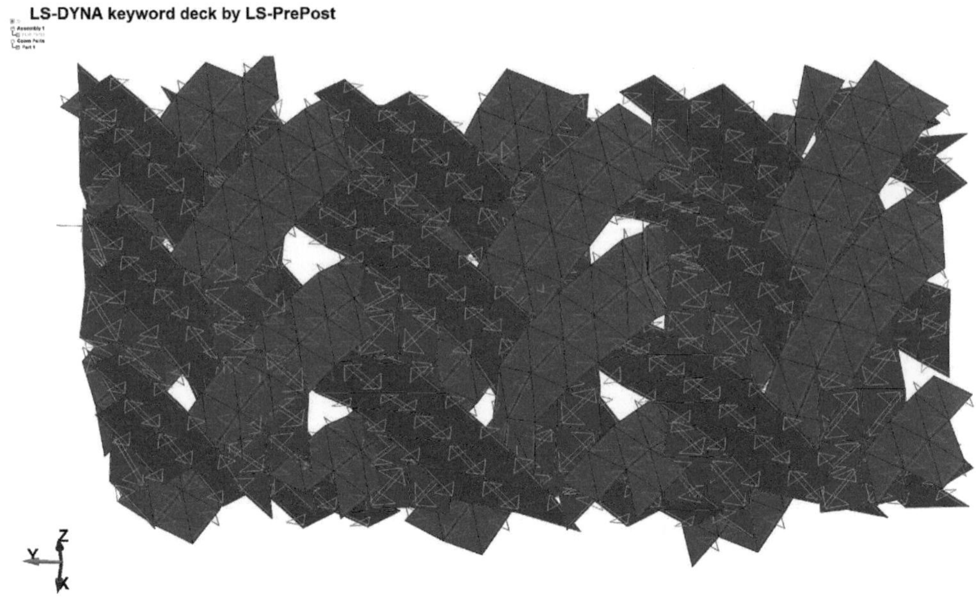

Abb. 5.3 Visualisierung der Faserorientierungen aus Knotennummerierungen. Hierbei ist das Elementkoordinatensystem der Stehfäden (lila) nicht entlang der Faserrichtung ausgerichtet

Modell zu suchen. Anschließend muss geprüft werden, ob diese mit der Knotennummerierung in der Elementdefinition übereinstimmen, um gegebenenfalls die Faserorientierung zu tauschen. Da eine Prozesssimulation die notwendigen Parameter für eine weiterführenden Analyse im entsprechenden Format bereitstellen muss, wurde dies nicht realisiert.

Eine weitere Problematik ist die nicht vorhandene Ausgabe der resultierenden Schalendicken aus der Prozesssimulation. Würden diese vorliegen, so könnte die relative Dicke bezogen auf die Gesamtkompaktierung direkt ausgegeben werden. Dies würde zudem erlauben, dass die Dicke lokal über den Abstand zwischen den Faserbündeln berechnet wird, wodurch zusätzliche Matrixgebiete erkannt und anschließend durch zusätzliche Integrationspunkte berücksichtigt werden würden. Da diese Information in den verwendeten Ergebnisdateien nicht vorlag, wurde die in Abschn. 5.4 beschriebene Implementierung gewählt.

Zusammenfassend sei noch auf die Problematik der unterschiedlichen Diskretisierungen im Zielnetz hingewiesen. Um eine Infiltrationssimulation durchzuführen, wurde im Digitalen Prototyp ein Simulationsprogramm gewählt, welches es erlaubt, Faserbündelorientierungen in einem Element (single shell ansatz), mit maximal zwei Richtungen zu definieren. Dies ist notwendig, um die Fließfront, welche sich vorrangig entlang der Faserbündel ausbildet, ordentlich zu beschreiben. Da es sich bei den hier verwendeten Materialien teilweise um triaxiale Geflechte handelt, muss der Anwender entscheiden, ob er eine Mittelung zwischen den Faserbündelrichtungen vornimmt, um zum Beispiel eine Ausbildung der Fließfront entlang der Verstärkungsfäden, die idealerweise genau in der

Mitte der beiden Flechtfäden liegt zu forcieren, oder ob er mit nur zwei Richtungen arbeitet. Hierfür würden sich die Flechtfäden anbieten, da diese eine wesentliche Charakteristik des Geflechts beschreiben. Abhilfe würde an dieser Stelle die Verwendung eines stacked-shell-Ansatzes schaffen. Ansonsten muss der Anwender an dieser Stelle entscheiden, welche Mappingmethode hier zu besseren Ergebnissen in der weiterführenden Simulation führt. Das Mappingprogramm kann diese Entscheidung aufgrund der Vielfalt an möglichen Zieldiskretisierungen und Softwarelösungen nicht anbieten.

Simulation von textilbasierten Faserverbundbauteilen unter statischer und dynamischer Beanspruchung

6

Mathieu Vinot, Martin Holzapfel, Nathalie Toso, Andreas Pau und Norbert Dölle

In Abb. 6.1 ist die virtuelle Testpyramide für die Charakterisierung der untersuchten textilbasierten Verbundlaminate dargestellt. Ziel der Untersuchung ist der Vergleich zwischen den numerischen Ansätzen nach dem Stand der Technik und den im DigitPro entwickelten numerischen Ansätzen. An der Basis der Pyramide werden Flachproben unter Zug- und Druckbelastung numerisch untersucht. Die gefundenen numerischen Methoden werden in einer zweiten Stufe für die Simulation von Stauchrohren und Lochleibungsproben übertragen. Damit wird die Fähigkeit dieser Modelle zur Abbildung der Energieabsorptionsmechanismen geprüft. Letztendlich werden die Ansätze zur Struktursimulation von zwei komplexeren Zielbauteilen jeweils für den Web- und Flechtprozess angewendet.

M. Vinot (✉) · M. Holzapfel · N. Toso
Deutsches Zentrum für Luft- und Raumfahrt e.V., Institut für Bauweisen und Strukturtechnologie, Stuttgart, Deutschland
E-Mail: mathieu.vinot@dlr.de; martin.holzapfel@dlr.de; Nathalie.toso@dlr.de

A. Pau
RD/RTH, Digitale Produktgestaltung, Daimler AG, Sindelfingen, Deutschland
E-Mail: andreas.pau@daimler.com

N. Dölle
Leiter Struktursimulation Steifigkeit, Festigkeit, Betriebsfestigkeit, NVH, Konzernforschung & MBC-Entwicklung, Leichtbau, Material und Produktionstechnologien, Daimler AG, Sindelfingen, Deutschland
E-Mail: norbert.doelle@daimler.com

J. Dittmann, P. Middendorf (Hrsg.), *Der digitale Prototyp*, ARENA2036,
https://doi.org/10.1007/978-3-662-58957-1_6

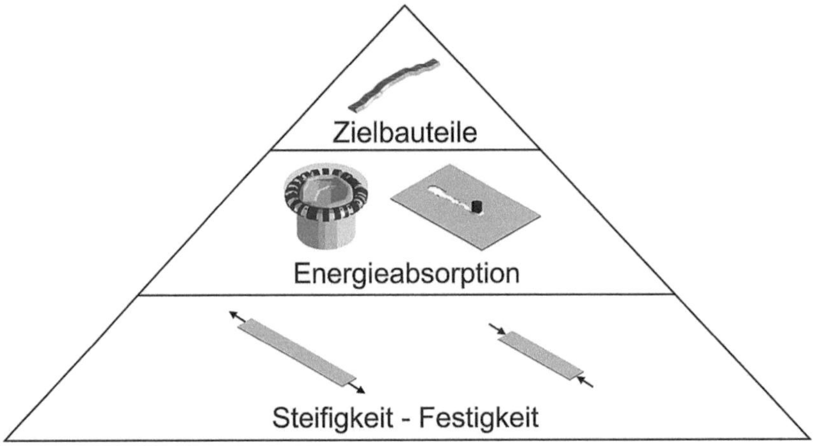

Abb. 6.1 Virtuelle Testpyramide für die geflochtenen und gewobenen Materialien

6.1 Stand der Technik und Übertragungsansätze

In diesem Kapitel wird der Stand der Technik in Bezug auf Modellierungs- und Übertragungsansätze im Bereich der textilen Fasermaterialien wiedergegeben und erläutert. Ein Fokus liegt hierbei auf der Vorhersage der Textileigenschaften durch prädiktive Simulationsansätze mit einer minimalen Anzahl an Validierungsversuchen.

6.1.1 Modellierungsansatz nach dem Stand der Technik

Faserverbundmaterialien werden nach dem Stand der Technik mit unidirektionalen Einzelschichten ohne Berücksichtigung vom Nesting-Effekt modelliert [1]. Die Orientierungen der Einzelschichten entsprechen dem Lagenaufbau des Laminats und bilden das globale Verhalten des Laminats ab. Im „layered-shell" Ansatz, wird das Laminat mit einem einzigen Schalenelement in Dickenrichtung abgebildet. Im „stacked-shell" Ansatz werden mehrere Schalenelemente aufeinander gestapelt und mit einem Kontakt verbunden, um das interlaminare Verhalten (z. B. Delaminationen) abzubilden (Abb. 6.2). Beide Ansätze gehen von einer perfekten Faserarchitektur ohne Welligkeit und von einer idealen Orientierung der Faserbündel ohne Abweichung zum Soll-Winkel aus. Eine Berücksichtigung des einen oder anderen lässt sich durch nicht-physikalische Abminderungsfaktoren zur Reduzierung der Materialkennwerte der UD-Schichte realisieren. Um den Vorteil der entwickelten Ansätze zu zeigen, werden im Folgenden nicht-abgeminderte Materialkarten im Standard-Ansatz oder Mapping-Ansatz (Übertragungsansatz) verwendet.

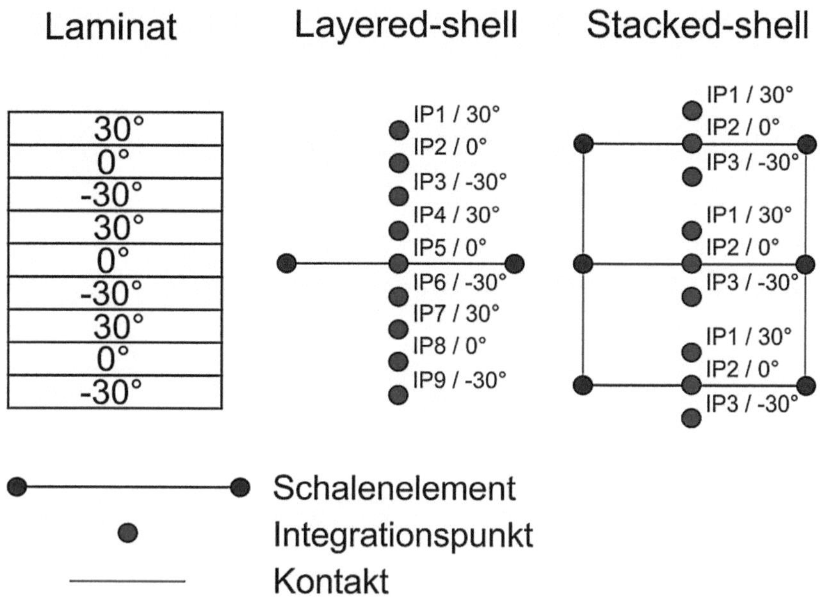

Abb. 6.2 Modellierungsansätze für Faserverbundmaterialien nach dem Stand der Technik

6.1.2 Direkte Übertragung der Informationen aus der Prozesssimulation

Die Prozesssimulationen liefern Informationen über den realen, durch den Fertigungsprozess beeinflussten Bauteilzustand. Die Abweichung zur Soll-Faserarchitektur können sich negativ auf die Bauteileigenschaften auswirken und sollen in der Struktursimulation berücksichtig werden. Zu diesem Zweck wurde im Digitalen Prototyp der Mapping-Algorithmus envyo® zur Übertragung der Informationen aus der Prozesssimulation (Wandstärke des Textils, Faserbündelorientierungen, Reinharzgebiete, usw.) auf die Struktursimulation entwickelt. In Abb. 6.3 ist das Mapping-Verfahren am Beispiel einer ORW-Lochleibungsprobe dargestellt.

Mit abnehmender Elementkantenlänge des Zielnetzes kann die lokale Faserbündelarchitektur detaillierter gemappt und die Genauigkeit der Struktursimulation erhöht werden (Abb. 6.4). Obwohl die Rechenzeit bei einer feineren Vernetzung deutlich steigt, können Erkenntnisse über die Versagensarten und über das lokale Spannungsfeld damit gewonnen werden. Diese Methodik bietet sich daher besonders gut für detaillierte Untersuchungen von textilbasierten Strukturen an.

Abb. 6.3 Mapping der Richtungsinformationen aus der Prozesssimulation (links) auf das Netz für die Struktursimulation (rechts)

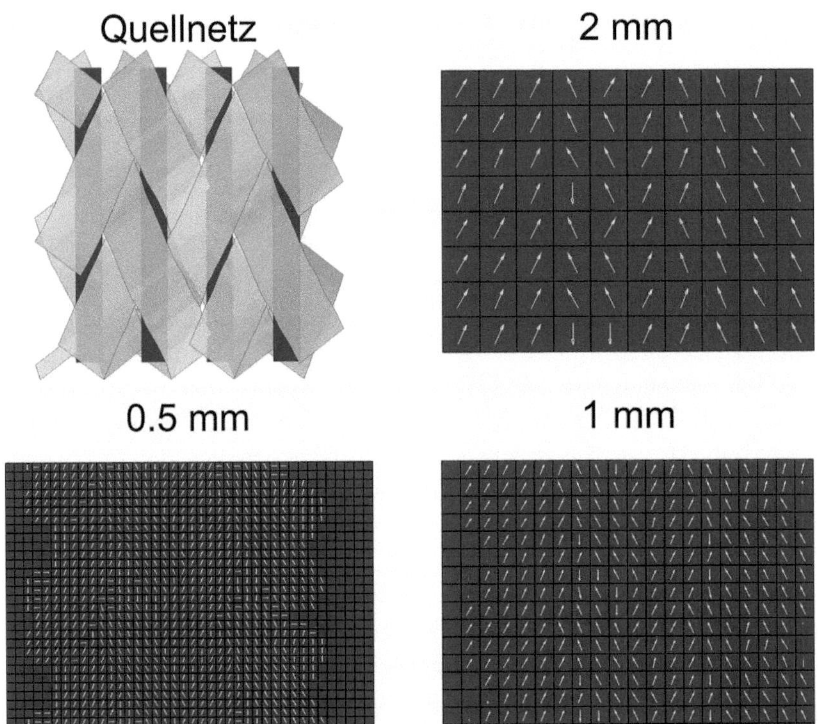

Abb. 6.4 Untersuchung vom Einfluss der Elementkantenlänge des Quellnetzes auf das Mapping-Ergebnis

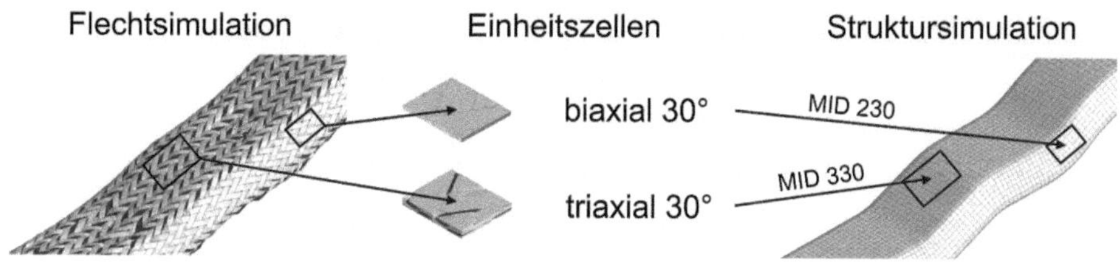

Abb. 6.5 Bündelung der Informationen aus der Prozesssimulation für die Struktursimulation mit Anwendung der Erkenntnisse aus den mesoskopischen Simulationen

6.1.3 Informationsbündelung aus der Prozesssimulation

Der Mapping-Algorithmus ermöglicht auch das Bündeln (Clustern) der Informationen aus der Prozesssimulation in Bereichen mit konstanter Faserbündelarchitektur, welche das gleiche globale Verhalten aufweisen. Mit Hilfe von Simulationen auf mesoskopischer Ebene werden die Materialkennwerte für diese Faserbündelarchitekturen ermittelt und in Form von Materialkarten direkt in der Struktursimulation eingesetzt (Abb. 6.5). Dieses Mapping-Verfahren stellt eine Reduzierung des Informationsumfangs aus der Prozesssimulation dar, da die genauen, lokalen Faserbündelorientierungen verloren gehen. Der Einfluss der lokalen Faserbündelarchitektur auf die Materialkennwerte wird trotzdem genau abgebildet und direkt in der Materialkarte berücksichtigt. Diese Methode erfordert somit keine Anpassung der Materialkennwerte durch empirische Abminderungsfaktoren. In LS-DYNA wird das Materialmodell MAT_054 zur Abbildung des Verhaltens von textilbasierten Laminaten verwendet.

6.2 Analyse der Simulationsansätze an Couponproben

Die unterschiedlichen Verfahren des Mapping-Algorithmus envyo® werden an triaxial geflochtenen und gewobenen Couponproben unter Zugbelastung untersucht. Ziel ist es, Regeln für den Mappingvorgang bezüglich der Elementkantenlänge und des Suchradius zu definieren, mit welchen reproduzierbare Ergebnisse erreicht werden können. Die Simulationsergebnisse werden mit der Spannungs-Dehnungskurve aus der mesoskopischen Simulation verglichen.

6.2.1 Geflochtene Materialien

Abb. 6.6 stellt die Ergebnisse der Simulation auf makroskopischer Ebene mit und ohne Mapping im Vergleich zur mesoskopischen Simulation dar. Ohne Anpassung der Materialkennwerte mit Abminderungsfaktoren überschätzt die Referenzsimulation nach dem Stand der Technik sowohl die Steifigkeit als auch die Festigkeit der Probe jeweils um +20 % und +47 %.

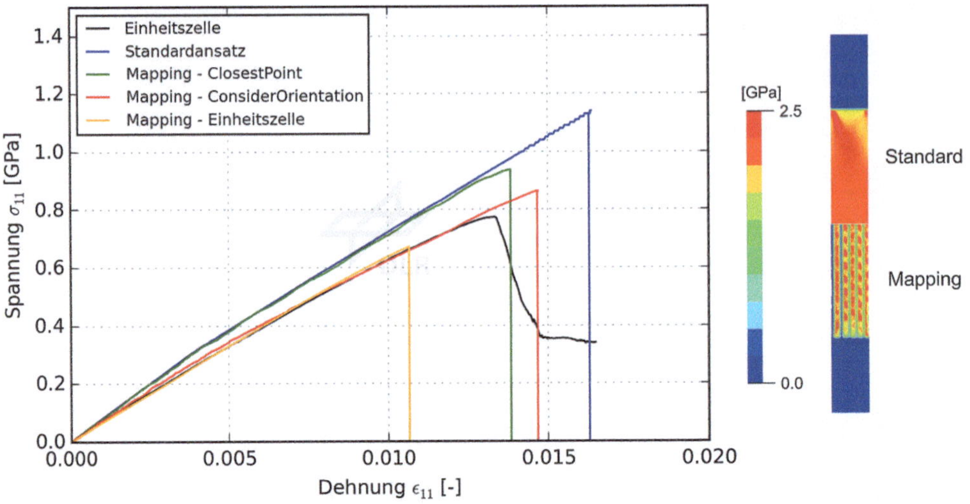

Abb. 6.6 Vergleich der verfügbaren Simulationsansätze für eine geflochtene Flachprobe mit triaxialem Fadensystem (rechts, Längsspannungen in der Probe)

Unter Berücksichtigung der realen Orientierungen (ClosestPoint-Mapping) reduziert sich die Festigkeit ohne Einfluss auf die Steifigkeit. In diesem Ansatz wird der Einfluss der Stehfäden nicht lokal sondern über die komplette Probe gemappt. Während die Steifigkeit vom Stehfadenanteil abhängt, wird die Festigkeit durch die lokale Änderung der Faserbündelorientierungen beeinflusst.

Das Verfahren ConsiderOndulation ermöglicht zusätzlich die Übertragung der Faserbündelarchitektur außerhalb der Ebene durch die Abbildung der Faserbündelwelligkeit. Dazu wird auch die Wandstärke der Probe realistischer abgebildet, welche in den Bereichen mit Stehfäden erhöht wird. Diese Effekte reduzieren weiterhin die Probesteifigkeit und -festigkeit im Vergleich zur Referenzsimulation (Abweichung von jeweils +4 % und +11 %). Die lokale Spannungskonzentration in den Stehfäden werden ebenso abgebildet (Abb. 6.6 rechts). Mit einer Sensitivitätsanalyse wurde der Einfluss des Suchradius auf das Mapping-Ergebnis untersucht. Es hat sich ergeben, dass der optimale Suchradius SR umgekehrt proportional zur Elementkantenlänge l sein sollte (Gl. 6.1), sodass kein Informationsverlust beim Mapping stattfindet, z. B. bei einer Elementkantenlänge von 0,5 mm ist ein Suchradius von 4 erforderlich. In der Praxis muss allerdings der Nutzer die Plausibilität des Mapping-Ergebnisses (z. B. Breite der gemappten Fäden) überprüfen und gegebenenfalls den Suchradius anpassen.

$$SR \sim \frac{1}{2 \cdot l} \tag{6.1}$$

Die Auswahl einer Elementkantenlänge ist durch die Rechnerzeit begrenzt. Zur Berechnung von Crashlastfällen am Gesamtfahrzeug würde eine Elementkantenlänge unter 2 mm

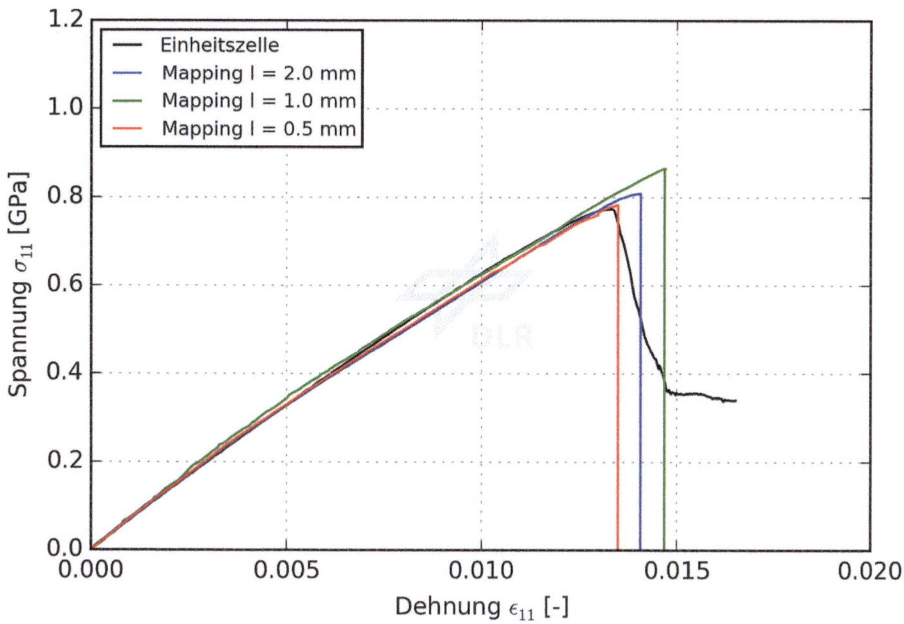

Abb. 6.7 Abhängigkeit des Mapping-Verfahren von der Elementkantenlänge des Zielnetzes

zu unzulässig großen Simulationszeiten führen. Für die detaillierte Untersuchung eines Bauteils sind allerdings kleinere Elementkantenlängen möglich. Abb. 6.7 zeigt die Abhängigkeit der Simulationsergebnisse von der Elementkantenlänge. Zur korrekten und realitätsnahen Abbildung der lokalen Spannungen sollte die Elementkantenlänge kleiner als die Hälfte der kleinsten Faserbündelbreite sein (Gl. 6.2). Ein Beispiel wäre hier eine Kantenlänge von 1 mm bei 2 mm breiten Stehfäden.

$$l \sim \frac{\min\left(b_{Flechtfäden}, b_{Stehfäden}\right)}{2} \tag{6.2}$$

6.2.2 Gewobenen Materialien

Die Simulation von gewobenen Laminaten zeigt ähnliche Charakteristiken wie bei den triaxial geflochtenen Laminaten. Während Standardansatz und Mapping-Ansatz mit dem ClosestPoint-Algorithmus nicht in der Lage sind das Gewebeverhalten vorherzusagen, sind die Steifigkeit- und Festigkeitsprognose mit dem Algorithmus ConsiderOndulation und mit dem Cluster-Verfahren in guter Übereinstimmung mit der mesoskopischen Simulation (Abb. 6.8). Das lokale Spannungsfeld wird mit dem Verfahren ConsiderOndulation realistisch abgebildet (Abb. 6.8 rechts).

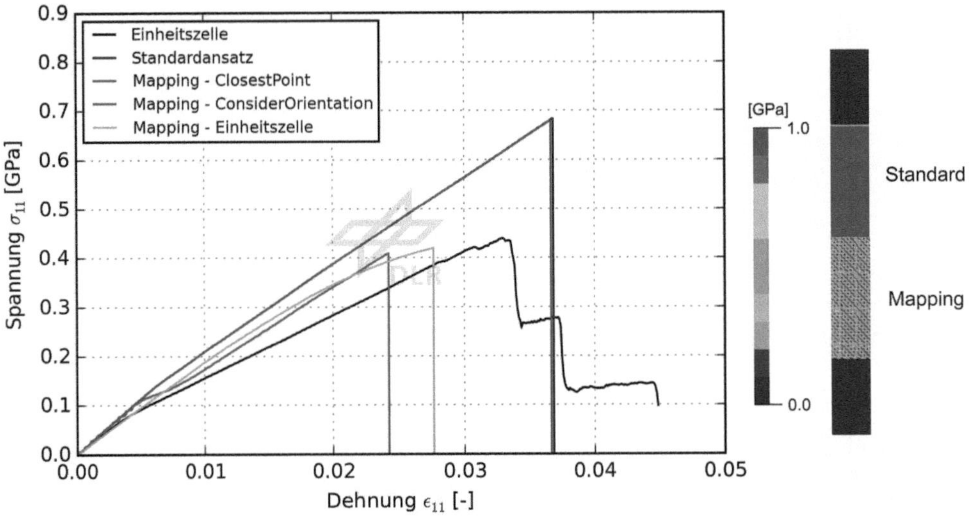

Abb. 6.8 Vergleich der verfügbaren Simulationsansätze für eine gewobene Flachprobe (rechts, Längsspannungen in der Probe)

6.3 Untersuchung des Energieabsorptionspotenzials an Prinzipproben

Textilbasierte Materialien eignen sich besonders gut für die Energieabsorption in Bauteilen. Zur Prognose der Energieabsorption und zur Untersuchung der Absorptionsmechanismen, werden die im Abschn. 6.2 dokumentierten Ansätze auf zwei komplexere Probengeometrien übertragen. Die Energieabsorption in geflochtenen bzw. gewobenen Materialien wird jeweils an Stauchrohren und an Lochleibungsproben untersucht.

6.3.1 Geflochtene Stauchrohre

Im Kap. 3 wurde der Einfluss der Fertigungsparameter auf die Materialeigenschaften untersucht. Es hat sich aus den mesoskopischen Simulationen ergeben, dass sich der Flechtwinkel maßgeblich auf die Materialkennwerte des geflochtenen Laminats auswirkt. Mithilfe des Mapping-Ansatzes ConsiderOndulation werden in diesem Abschnitt drei geflochtene Stauchrohre mit einem Flechtwinkel von 30°, 45° und 60°, einem Innendurchmesser von 50 mm und einer Länge von 90 mm untersucht, um die Zusammenhänge zwischen dem Flechtwinkel und der Energieabsorption zu ermitteln. Es wird der stacked-shell Ansatz mit drei Schalenelementen in Dickenrichtung angewendet, denn die Versagensmechanismen sind unter axialer Stauchbelastung komplex und erfordern einen höheren Detaillierungsgrad. Die Schalenelemente in Dickenrichtung werden mit dem kohäsiven Kontakt *CONTACT_AUTOMATIC_ONE_WAY_SURFACE_TO_SURFACE_TIEBREAK – Option 8 angebunden, welcher wie der im Abschn. 3.3.1 beschriebene Kontakt funktioniert. Die Rohre werden mit einer konstanten Geschwindigkeit von 10 m/s gestaucht und die Reaktionskraft zwischen dem Rohr und der Prallplatte wird in der Simulation gemessen. Der Reibungskoeffizient zwischen der Aufprallplatte und dem Stauchrohr wird auf den Wert 0,15 festgelegt. Der Auslöser (trigger) wird durch das Löschen der ersten Elementreihen in der zweiten und dritten Schicht abgebildet. Anhand der Ergebnisse aus Abschn. 6.2 wird eine Elementkantenlänge von 1 mm ausgewählt.

Zur Auswertung der drei Simulationen wird die absorbierte Energie mit der Integration der Reaktionskraft F über den Verfahrweg w berechnet. Das Leichtbaupotenzial wird durch die spezifische Energieabsorption SEA beschrieben, welche der Energie bezogen auf das Gewicht des gestauchten Materials G entspricht (Gl. 6.3).

$$SEA = \frac{1}{G}\int_0^{w_{max}} F\delta w \tag{6.3}$$

Die Integration der Reaktionskraft wird mit der Trapezregel nach Gl. 6.4 angenähert.

$$\int_{w_1}^{w_2} F\delta w \sim \left(w_2 - w_1\right)\left[\frac{F\left(w_2\right)+F\left(w_1\right)}{2}\right] \tag{6.4}$$

Die Simulation des Stauchrohres mit dem Mapping-Ansatz ConsiderOrientation ohne Anpassung der Materialkennwerte liefert ein mittleres Lastniveau, welches nah am experimentellen Wert von 33 kN liegt (Abb. 6.9). Standard-Ansatz und Einheitszellen-Ansatz überschätzen und unterschätzen jeweils die Energieabsorption unter Stauchbelastung. Hier sind die Erkenntnisse aus der Untersuchung an der Flachprobe wiederzuerkennen.

In Abb. 6.10 sind die Kraft-Weg-Kurven und mit entsprechenden SEA-Werten aus den Simulationen der drei untersuchten Flechtarchitekturen dargestellt. Durch die Steigerung des Flechtwinkels von 30° auf 60° kann die spezifische Energieabsorption um ca. 10 % erhöht werden. Es hat sich bei der virtuellen Materialcharakterisierung im Abschn. 3.3 ergeben, dass sich die Welligkeit der Flechtfäden in Geflechten mit hohem Flechtwinkel in Bezug auf Instabilität und Ausknicken der Stehfäden positiv auswirkt. Somit erhöht sich die zum Ausknicken der Stehfäden und zur Bildung einer Crashfront notwendige Stauchlast. Parallel dazu hat der Stehfadenanteil eine negative Auswirkung auf die Energieabsorption, da dieser die Tragfähigkeit in Längsrichtung um 50 % zwischen 30° und 60° reduziert. Aufgrund dieser zwei sich entgegenwirkenden Effekten stabilisiert sich die spezifische Energieabsorption ab einem Flechtwinkel von 45° bei einem Wert von 62,6 kJ/kg und kann nur geringfügig durch höhere Flechtwinkel erhöht werden.

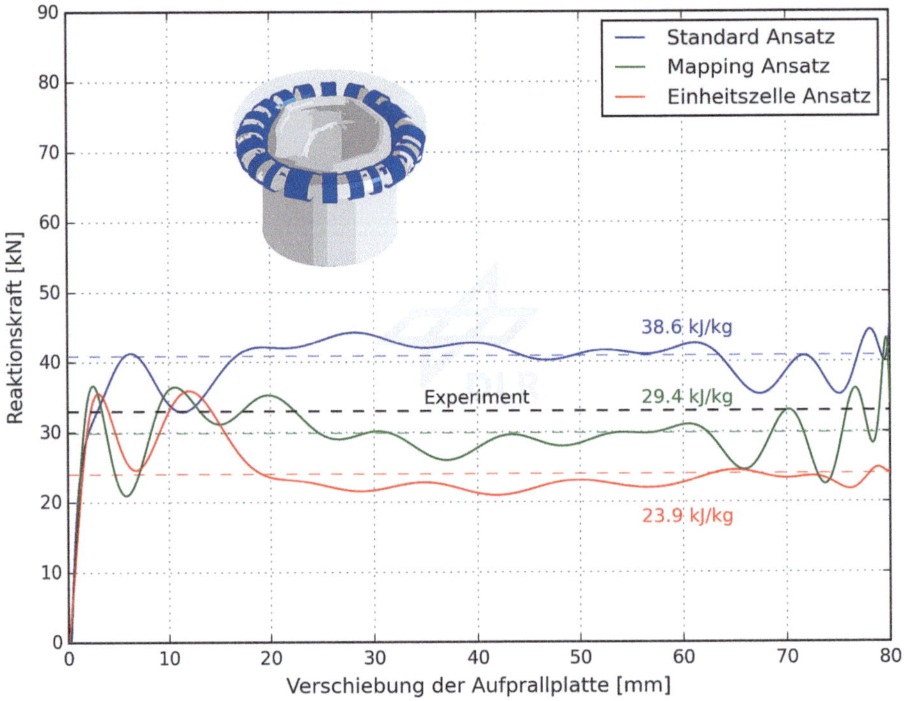

Abb. 6.9 Vergleich der zwei im Digitalen Prototyp entwickelten Modellierungsansätze mit dem Stand der Technik

6.3.2 Gewobene Lochleibungsproben

ORW-Textilien ermöglichen eine lokale Verstärkung von Faserverbundbauteilen mit minimalem Gewichtzuwachs. So können zum Beispiel Bauteile mit Bolzenverbindungen durch diese Textilien im Lochbereich gegen Lochleibung verstärkt und bei Bedarf kann die Energieabsorption im Nachbruch erhöht werden. Das Potenzial zur Energieabsorption von ORW-Geweben wird in diesem Abschnitt virtuell an Lochleibungsproben untersucht. In der Simulation wird ein Bolzen mit einem Durchmesser von 8 mm durch eingespannte Platten gezogen und die Reaktionskraft gemessen. Wie im vorherigen Abschnitt wird der stacked-shell Ansatz mit einem TIEBREAK-Kontakt und das Mapping-Verfahren ConsiderOndulation verwendet. Die Rohdaten werden mit einem Butterworth-Tiefpassfilter mit einer Frequenz von 5 kHz gefiltert.

Abb. 6.11 zeigt die Kraft-Weg-Kurven aus der Simulation für die drei untersuchten Gewebe-Architekturen (Grundgewebe, Gewebe verstärkt in der 24°-Richtung und Gewebe verstärkt in der 42°-Richtung).

Durch die Verstärkung mit ORW-Fäden in der 24°- bzw. 42°-Richtung konnte die durchschnittliche Kraft um jeweils 9,3 % bzw. 20,5 % im Vergleich zum Grundgewebe (1,16 kN) erhöht werden. Unter Berücksichtigung der Gewichtszunahme erhöht sich die gewichtsspezifische Energieabsorption um 4,5 % bzw. 12 % für das 24°-ORW bzw. 42°-ORW.

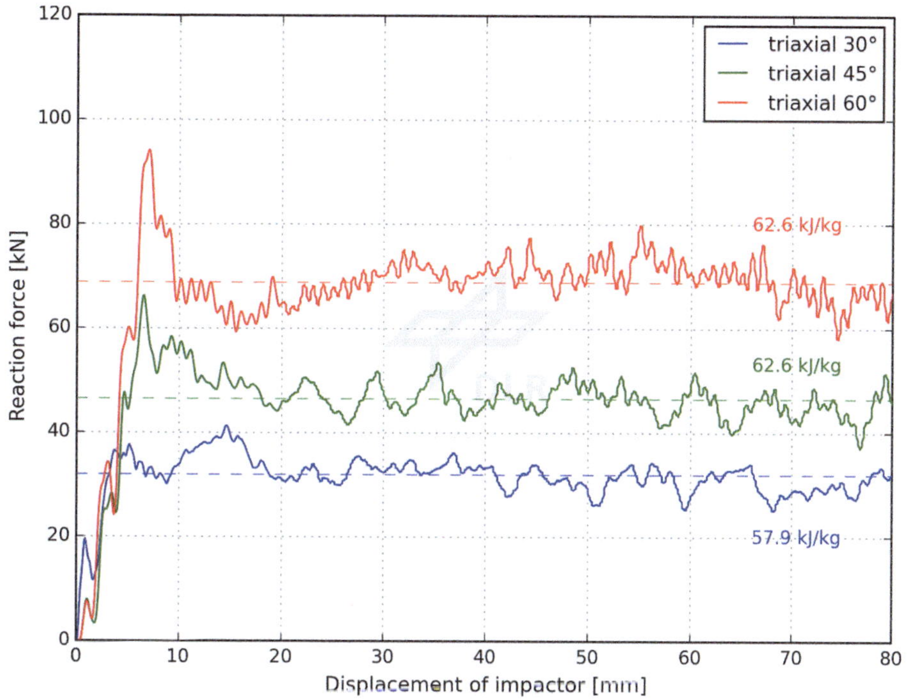

Abb. 6.10 Vergleich zwischen den drei triaxial geflochtenen Stauchrohren mit Flechtwinkeln von 30°, 45° und 60°

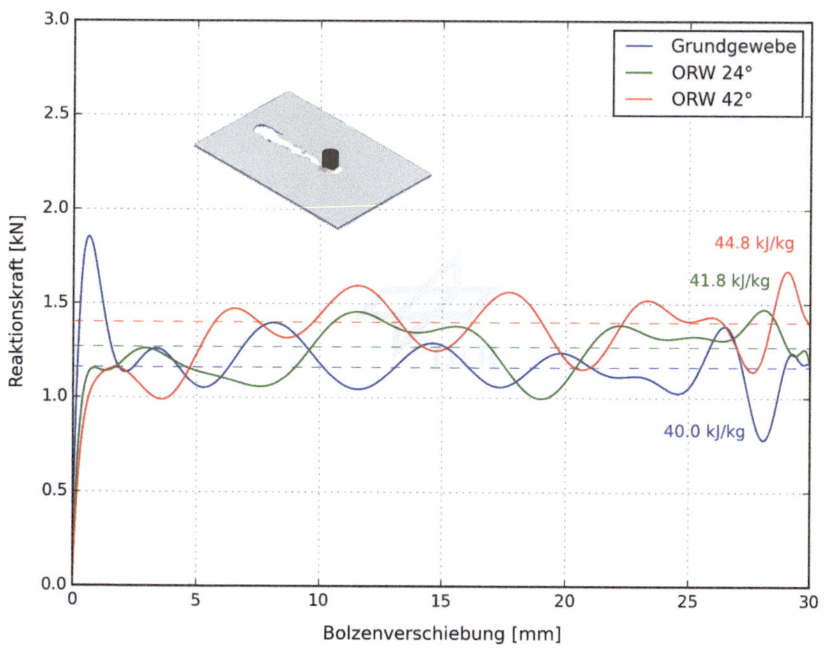

Abb. 6.11 Vergleich zwischen den drei untersuchten Gewebe-Arten bei einer Lochleibungsprobe

6.4 Nutzen der Prozesskette für die Struktursimulation

Im Gegensatz zu den vorherigen Probengeometrien, welche eine relativ konstante Faserbündelarchitektur besaßen, sind komplexe, gekrümmte Bauteile sehr von der realen Fertigung beeinflusst. Für die zwei Zielbauteile (geflochtene Verstärkungsstruktur und gewobene Sitzkonsole) ist es daher umso wichtiger, die Fertigungseinflüsse für die Struktursimulation zu berücksichtigen. In diesem Abschnitt werden die Ergebnisse aus den vorherigen Schritten der Prozesskette verwendet, um die Tragfähigkeit der Zielbauteile vorherzusagen. Die im Digitalen Prototyp entwickelten Ansätze werden mit dem Stand der Technik verglichen und die Vorteile der virtuellen Prozesskette erläutert. Erst an dieser Stelle der Prozesskette werden experimentelle Versuche als Abgleich durchgeführt und die Prognosefähigkeit der Simulation überprüft. Die Ausgangsvernetzungen aus der Prozesssimulation für das Mapping sind in Abb. 6.12 dargestellt.

6.4.1 Definition der Belastung für die Simulation und das Experiment

Bei einem seitlichen Aufprall am Gesamtfahrzeug wird die geflochtene Verstärkungsstruktur axial belastet. Diese Belastung führt zur Instabilität des Bauteils und zu seiner Durchbiegung in Querrichtung (Abb. 6.13). Eine experimentelle Untersuchung unter axialer Belastung erfordert einen aufwändigen Versuchsaufbau, insbesondere bei hoher Versuchsgeschwindigkeit, wo das Bauteil zur korrekten Abbildung der realen Randbedingungen stabilisiert sein muss. Aus diesem Grund wird eine Ersatzbelastung definiert, in der das Bauteil unter Dreipunktbiegung getestet und eine ähnliche globale Verformung wie im Seitenaufprall gewährleistet wird (Abb. 6.13). In der Simulation wird unter anderem untersucht, ob die neu entwickelten Ansätze in der Lage sind, parallel zum Crushing-Verhalten, das Biegeverhalten von geflochtenen Strukturen vorherzusagen. Die in Abschn. 6.2 verwendeten Materialkennwerte und Materialkarten werden hier weiter verwendet. Die Vor- und Nachteile der unterschiedlichen Mapping-Ansätze werden erläutert.

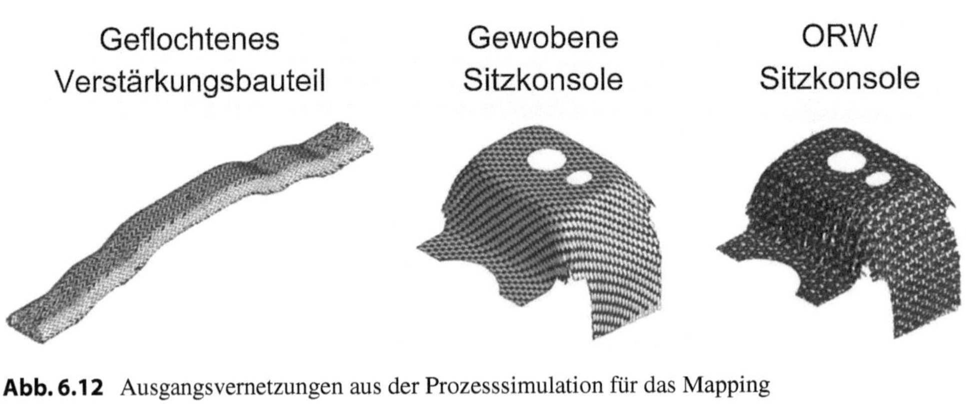

Abb. 6.12 Ausgangsvernetzungen aus der Prozesssimulation für das Mapping

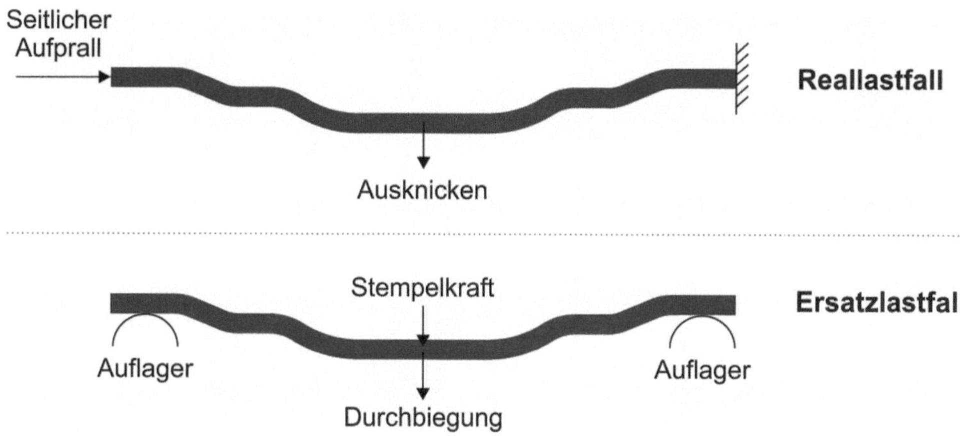

Abb. 6.13 Reale Belastung und Verformung des Verstärkungsbauteils unter seitlichem Aufprall

6.4.2 Experimentelle Versuchsdurchführung

Zwei Verstärkungsstrukturen wurden unter quasistatischer Dreipunkt-Biegebelastung in einer 100 kN-Zwick Universalprüfmaschine mit einer Geschwindigkeit von 10 mm/min getestet. Der Auflagerabstand entspricht 530 mm (vgl. Abb. 6.14). Die Reaktionskraft wird mit einer Kraftmesszelle ermittelt und die Durchbiegung wird mit dem Traversenweg der Prüfmaschine gemessen.

Die experimentelle Versuchsdurchführung zeigt eine sehr hohe Reproduzierbarkeit sowohl für die Anfangssteifigkeit, für das Versagen als auch für die Restlast (Abb. 6.15). Die Steifigkeit des Bauteils entspricht 0,4 kN/mm und das Versagen ist bei einer Last von ca. 5 kN auf der Druckseite im gekrümmten Bereich erreicht. Zwischen der Stempelverschiebung von 13 mm und 25 mm versagen die Stehfäden mit Zeitverzögerung aufgrund der fehlenden Homogenität ihrer Tragfähigkeit und die Kraft stabilisiert sich bei einem Wert von 5 kN. Nach dem kompletten Versagen der Stehfäden wird die Resttragfähigkeit der Flechtfäden und der untersten Stehfäden übernommen. Die Last nimmt ab einer Stempelverschiebung von 25 mm progressiv ab und stabilisiert sich bei 2 kN.

6.4.3 Numerische Struktursimulationen

In diesem Unterkapitel wird auf die unterschiedlichen Ansätze der Struktursimulation eingegangen. Vor- und Nachteile der Ansätze werden aufgezeigt, bewertet und ihre Verwendung im Digitalen Prototyp beschrieben.

6.4.3.1 Standard-Ansatz

Zur Analyse der im Digitalen Prototyp verwendeten Verfahren wird die Struktursimulation mit dem Standard-Ansatz ohne empirische Reduzierung der Eingabeparameter durchgeführt (siehe Abschn. 6.1.1). Der strukturelle Schaum wird mit Solid-Elementen und mit

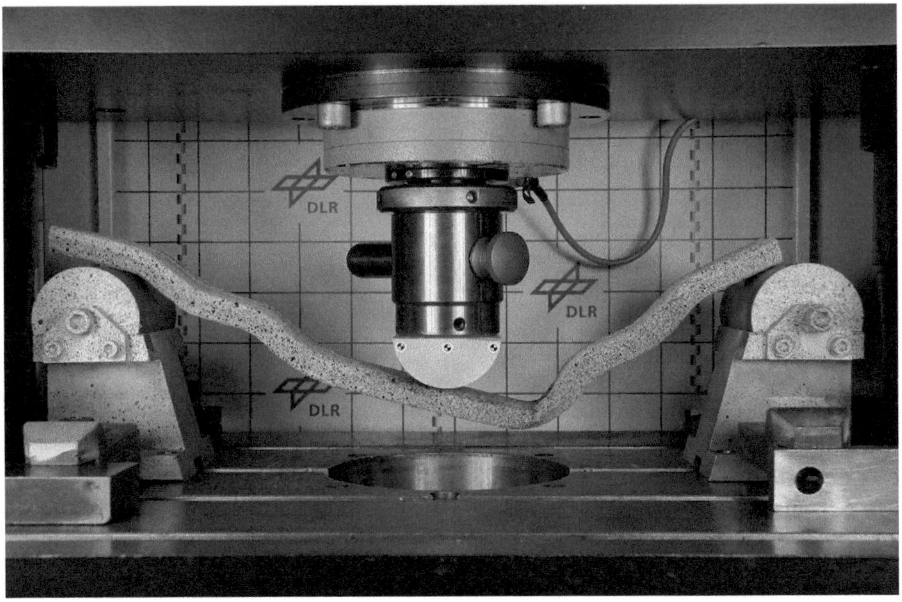

Abb. 6.14 Experimenteller Versuchsaufbau für die Untersuchung des Verstärkungsbauteils unter Dreipunkt-Biegebelastung

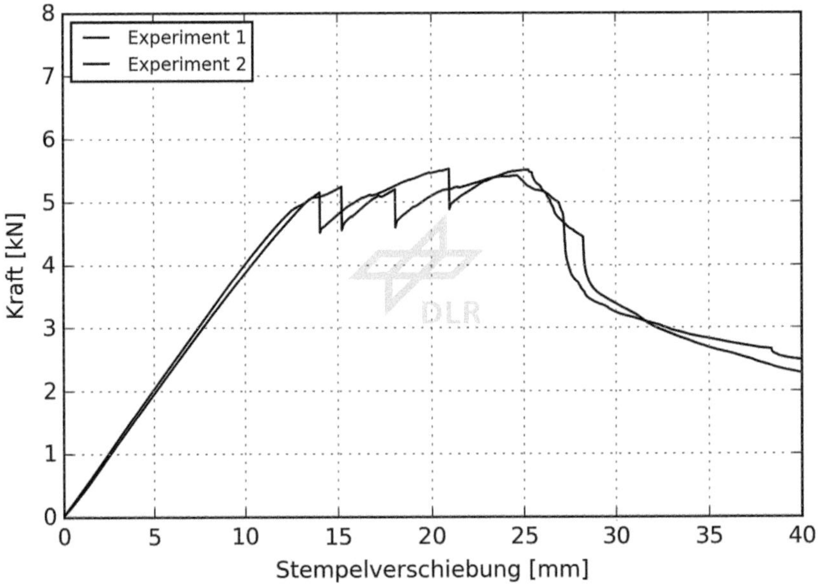

Abb. 6.15 Experimentelle Kraft-Verschiebungs-Kurve der Verstärkungsstruktur unter quasistatische Dreipunkt-Biegebelastung

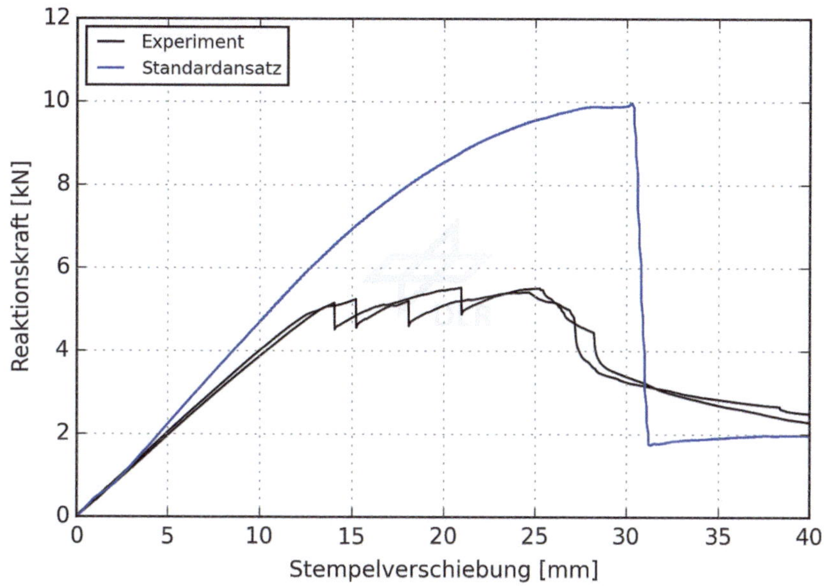

Abb. 6.16 Vergleich des Ergebnisses der Struktursimulation mit Standard-Ansatz mit dem experimentellen Versuch

dem Materialmodell SAMP-1 modelliert, in welchem Herstellermaterialkennwerte eingegeben werden. Eine detaillierte experimentelle Untersuchung des Schaums wurde für die folgenden Simulationen nicht durchgeführt. Aus diesem Grund sind mögliche Abweichung zum Experiment zu erwarten, denn das Versagensverhalten des Schaums unter mehrachsigen Spannungszuständen ist nicht bekannt. Das Interface mit den Schalenelementen der Verstärkungsstruktur wird mit einem TIEBREAK-Kontakt realisiert, welcher bei einer Schub-oder Schälspannung von 50 MPa versagt. Hier wurde der Wert abgeschätzt und kann von der realen Versagensspannung abweichen.

Ohne Anpassung der Materialparameter ist der Standard-Ansatz nicht konservativ im Vergleich zum Experiment (Abb. 6.16). Die Anfangssteifigkeit ist in guter Übereinstimmung mit dem Experiment. Allerdings weicht die Versagenslast mit 10 kN um 100 % vom experimentellen Wert ab. Die erreichte Restlast liegt nahe dem experimentellen Wert bei 2 kN.

6.4.3.2 Einheitszellenansatz

Zur Analyse des Ansatzes der Einheitszelle wurden Struktursimulationen mit den im Abschn. 3.3 erzeugten stochastischen Materialkarten für 30°-biaxiale und 30°-triaxiale Geflechte durchgeführt. Die Empfindlichkeit des Strukturverhaltens auf die Streuung der Materialkennwerte ist in Abb. 6.17 im Vergleich zu experimentellen Kurven dargestellt. Die mittlere Bauteilsteifigkeit bzw. Versagenslast liegt bei 0,42 kN/mm und 4,6 kN. Die stochastische Simulation zeigt, dass hauptsächlich die Bauteilsteifigkeit von der Textilar-

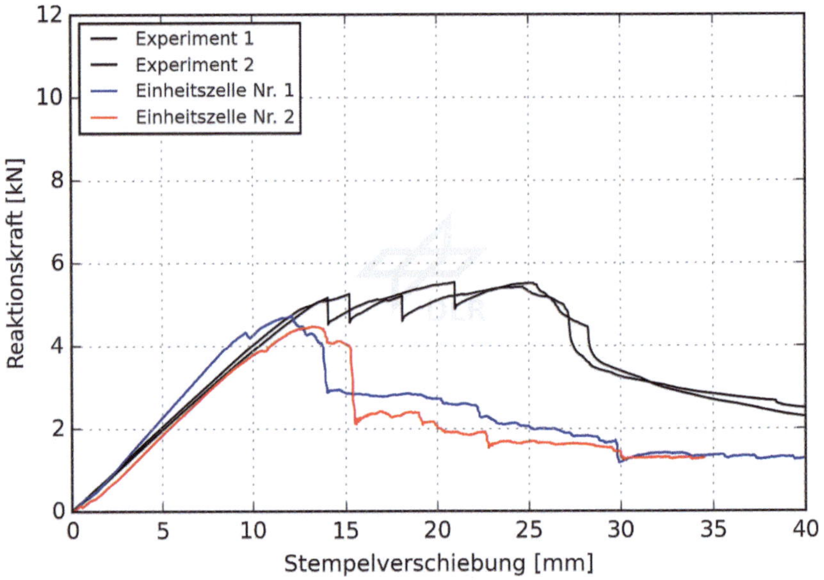

Abb. 6.17 Einfluss der Textilarchitektur auf das Bauteilverhalten im virtuellen 3-Punkt-Biegeversuch

chitektur beeinflusst wird. Das Ergebnis zeigt eine deutlich höhere Prognosegüte als beim Standardansatz, wobei die mittlere Steifigkeit, Versagenslast und Restlast jeweils um 5 %, −8 % und −35 % zu den experimentellen Werten abweichen.

6.4.3.3 Mapping-Ansatz

Das Ergebnis der Flechtsimulation wurde mit den Erkenntnissen aus Abschn. 6.2.1 mit envyo® für Struktursimulation gemappt. Die qualitative Prognosegüte dieses Ansatzes wurde mit einem CT-Scan des Bauteils (Auflösung von 35 µm) bewiesen. In Abb. 6.18 wurde die aufgrund der Stehfäden erzeugte Welligkeit der Bauteiloberfläche in der Simulation und im Realbauteil verglichen.

Das Bauteilverhalten in der Mapping-Simulation ist in Abb. 6.19 im Vergleich zur experimentellen Messung dargestellt. Die numerische Bauteilsteifigkeit und Versagenslast entsprechen 0,37 kN/mm (−7,5 %) und 4,67 kN (−6,6 %) und sind in guter Übereinstimmung mit dem Experiment. Zusätzlich wird das Restlastniveau bei ca. 1,45 kN (−25 %) in der Simulation abgebildet.

6.4.3.4 Zusammenfassung verwendeter Ansätze der Struktursimulation

Der bisher verwendete Ansatz zur Berechnung von faserverstärkten Strukturen basiert auf empirischen Parametern und Abminderungsfaktoren. Die Materialkarten und Modelle werden nach dem experimentellen Testen angepasst und für weitere Simulationen benutzt. Damit kann keine Prognose ohne Experiment getroffen werden. Es wurde zusätzlich gezeigt, dass dieser Ansatz ohne Anpassung der Materialkennwerte sehr konservativ ist.

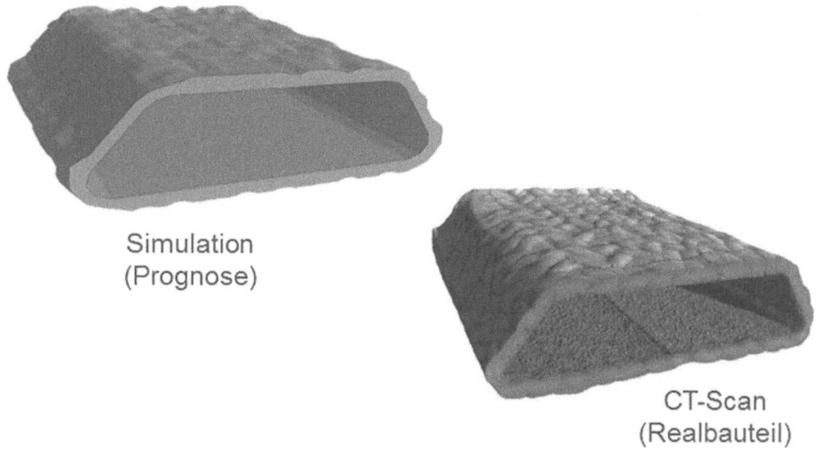

Abb. 6.18 Prognose der Strukturarchitektur mit dem Mapping-Verfahren im Vergleich zu einem CT-Scan des Bauteils

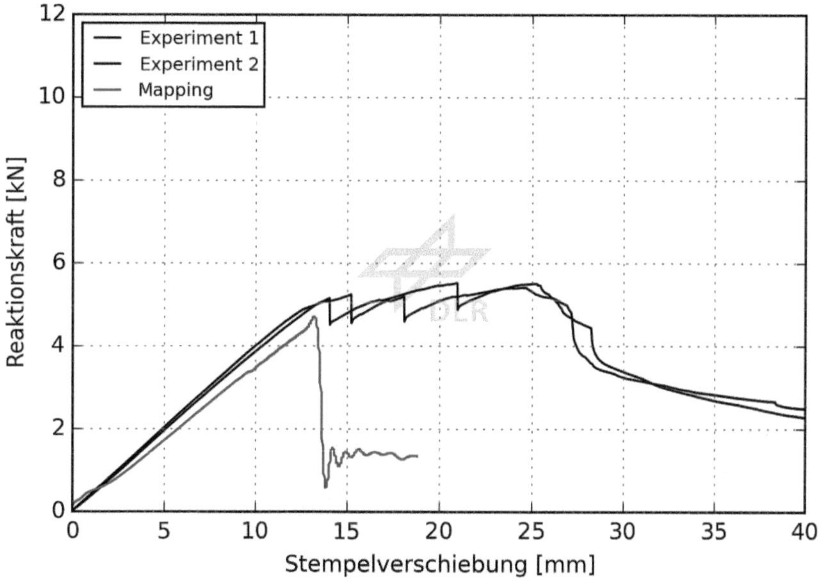

Abb. 6.19 Reaktionskraft-Verschiebungs-Kurve beim Mapping-Ansatz für die Struktursimulation

Im Gegensatz dazu sind die im Digitalen Prototyp entwickelte Ansätze in der Lage, eine hohe Prognosegüte ohne Vorkenntnisse des Materialverhaltens zu erreichen. Diese Ansätze erfordern auf Materialebene eine erste Validierung der Methodik und können bis zur Bauteilebene ohne experimentelle Versuchsdurchführung verwendet werden. Der Ansatz der Einheitszelle ist besonders für schnelle Simulationen in der Vorauslegung oder Optimierung angedacht und ermöglicht nicht lokale Phänomene abzubilden. Der Mapping-Ansatz bietet sich an, wenn detaillierte Erkenntnisse über den Einfluss der Fertigung auf das lokale Dehnungsfeld zu ermitteln sind. Mit diesem Ansatz können auch die Versagensarten genauer abgebildet und die Einflussgrößen ermittelt werden.

Die komplette Materialcharakterisierung und Bauteiluntersuchung konnte auf numerischer Ebene ohne unterstützende experimentelle Versuche durchgeführt werden.

6.5 Auslegung von großflächigen Faserverbundstrukturen im Gesamtfahrzeug

Andreas Pau und Norbert Dölle

Aufgezeigt wurde die Validierung der entwickelten Methoden auf Basis von repräsentativen Demonstratorbauteilen, welche im Digitalen Prototyp definiert wurden. Das gemeinsame Projektziel von DigitPro und LeiFu bestand jedoch ebenfalls darin, großflächige Faserverbundstrukturen mit hohem Funktionsintegrationsgrad in einem Gesamtfahrzeug umzusetzen. Aus diesem Grund wurde in einer Zusammenarbeit beider Projekte ein komplettes Bodenmodul konzipiert und ausgelegt. Der Umfang des Bodenmoduls ist in Abb. 6.20 dargestellt.

Im Projekt LeiFu wurde das Konzept für das Bodenmodul ausgearbeitet, auskonstruiert und eine Vorauslegung durchgeführt. Die Definition der Lastfälle und deren Berechnungen im Gesamtfahrzeug wurden begleitend im Projekt DigitPro durchgeführt.

6.5.1 Betrachtete Lastfälle

Das Bodenmodul wurde hinsichtlich Steifigkeit, NVH und Crash ausgelegt, da diese Disziplinen maßgeblich den Materialeinsatz und die Materialorientierungen definieren.

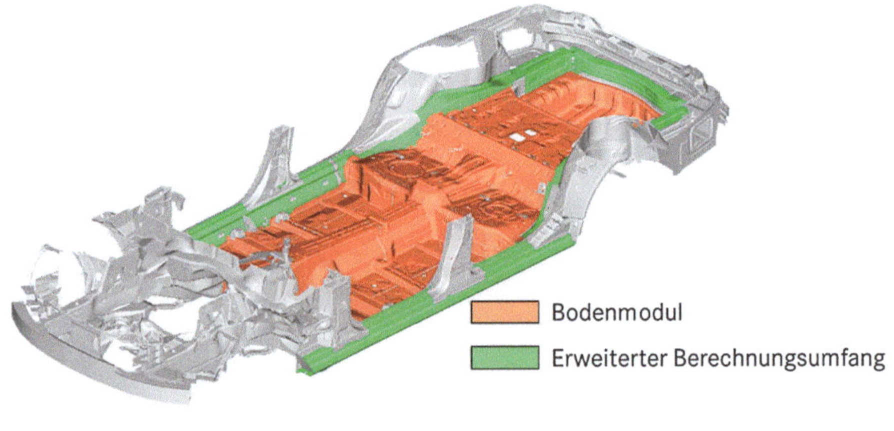

Abb. 6.20 Umfang des Bodenmoduls

6.5.1.1 Steifigkeits-Lastfälle

Steifigkeitsrelevante Lastfälle für das Bodenmodul sind die Rohbau-Torsion und –Biegung. Bei der Torsion werden die hinteren Dompunkte translatorisch in x, y und z-Richtung fixiert und der Biegequerträger mittig in z-Richtung gelagert. Über Kräfte an den vorderen Dompunkten wird ein Moment aufgebracht. Ausgewertet wird der Quotient aus z-Verschiebung und y-Abstand zur Mittelachse entlang der Längsträger bzw. des Tunnels. Die so ermittelten Steifigkeiten sollten hierbei mindestens den Serienwerten entsprechen (Abb. 6.21).

Beim Biegelastfall werden alle Dompunkte gelagert und eine Last auf Schweller und Tunnel aufgebracht. Als Grenzwerte für Torsion und Biegung wurden die maximalen Verschiebungen aus der Serienvariante festgelegt.

6.5.1.2 NVH-Lastfälle

Die globalen Eigenfrequenzen sollten bei einem CFK-Rohbau ca. 15 % höher liegen, als bei einem metallischen Rohbau, um im späteren Gesamtfahrzeug eine vergleichbare Performanz zu gewährleisten.

Zur Veranschaulichung der notwendigen Eigenfrequenzerhöhung wurde eine Berechnung der Eigenfrequenzen anhand einfacher Platten durchgeführt. Die Eigenfrequenz ist proportional zu einem Quotienten aus E-Modul und Dichte (Gl. 6.5).

$$\omega \sim d\sqrt{\frac{E}{\rho}} \tag{6.5}$$

Der Quotient ist materialunabhängig (Stahl: 26,8; Aluminium: 25,9; CFK-quasiisotrop: 24,7), so dass die Eigenfrequenz auf den ersten Blick nahezu materialunabhängig zu sein scheint.

Die Eigenfrequenz ändert sich erst mit einer Massebeaufschlagung stark. Wird ein Stahlbauteil mit Masse beaufschlagt, ist die relative Massenänderung deutlich kleiner, als bei einem leichteren CFK-Bauteil mit gleicher struktureller Performanz. Da im Gesamtfahrzeug Massen, wie z. B. Dämmmatten auf dem Boden liegen, muss der Rohbau ohne Zusatzmassen in CFK-Bauweise eine höhere Eigenfrequenz aufweisen als ein vergleichbarer Stahlrohbau. Anhand von Erfahrungen und Expertenschätzungen wurden

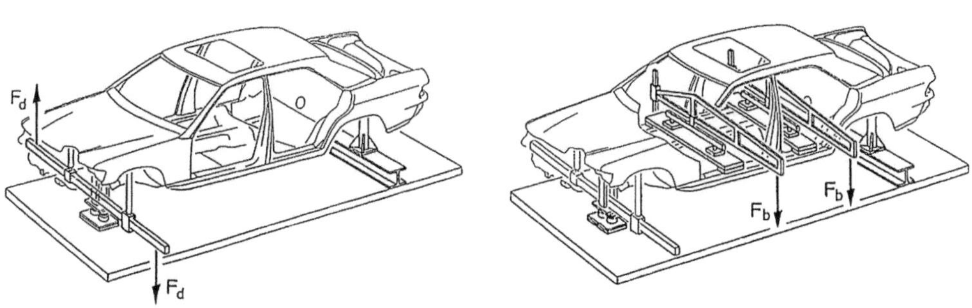

Abb. 6.21 Steifigkeitslastfälle für Torsion und Biegung

15 % höhere Eigenfrequenzen verglichen mit dem Serien-Stahl-Rohbau für den CFK-Rohbau festgelegt.

Kritisch für ein CFK-Bodenmodul ist aus NVH-Sicht vor allem die Durchschallung, da das Schalldämmmaß unter anderem abhängig von der Masse ist (siehe Abb. 6.22).

Bei reduzierter Masse verringert sich das Schalldämmmaß, welches auf zwei Wegen wieder auf das Ursprungsniveau gebracht werden kann. Zum einen können Schwermatten (Gewicht) ohne weitere Funktion aufgebracht werden, zum anderen können die Teilflächensteifigkeiten des Bodenmoduls erhöht werden. Für CFK-Strukturen wurde mit Hilfe von Durchschallungsprüfungen verschiedener Platten eine erforderliche erste Eigenfrequenz von über 1200 Hz ermittelt, damit der Masseabfall kompensiert werden kann. Die hierfür erforderlichen zusätzlichen Versteifungen verbessern sowohl die globalen Steifigkeiten des Rohbaus als auch das Crashverhalten, wodurch hier von einer „Funktionsintegration" im weiteren Sinne gesprochen werden kann.

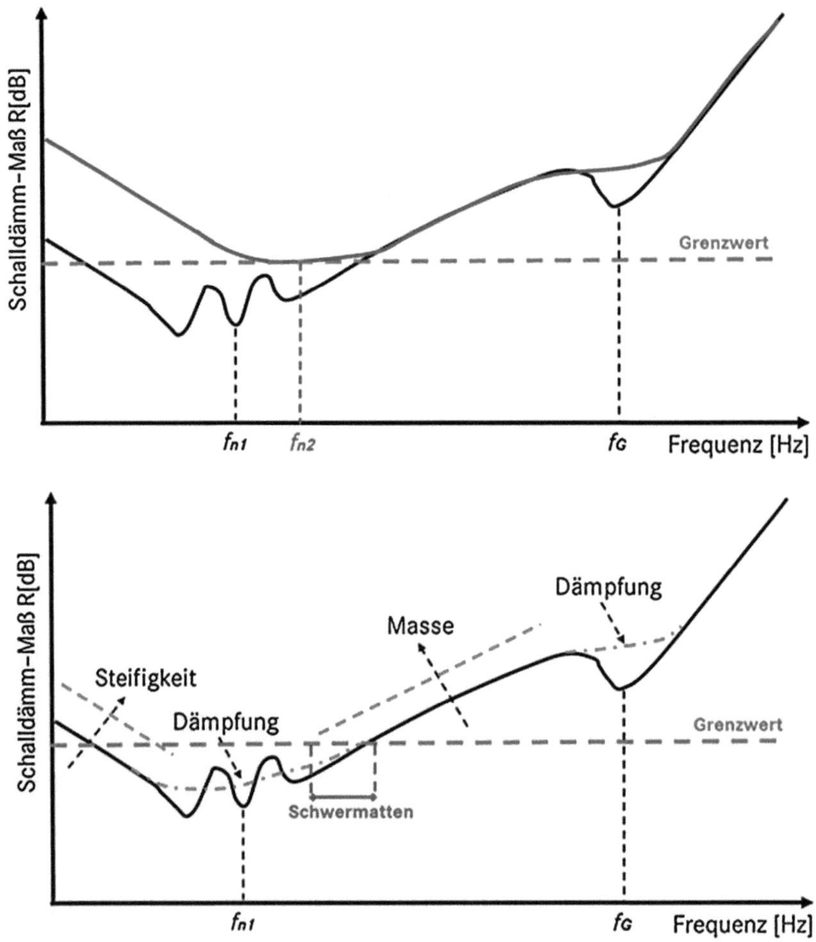

Abb. 6.22 Schalldämmmaß aufgetragen über die Frequenz

Die Einleitungssteifigkeiten werden komplett berechnet und sollen denen der Serienfahrzeug-Variante entsprechen.

6.5.1.3 Crashlastfälle

Crashseitig wurden als Lastfälle der Seitencrash (SG-IIHS), der Pfahlaufprall (SM05), der Frontcrash Offset deformierbare Barriere (EURO-NCAP) und Frontcrash Offset (EURO-NCAP, IIHS Small Overlap), sowie der Heckaufprall betrachtet.

In allen Fällen sollte die Strukturintegrität gewährleistet werden, was eine besondere Herausforderung für Faserverbundstrukturen darstellt.

6.5.2 NVH-Auslegung

Dargestellt ist in Abb. 6.23 die Beschleunigung eines Knotens mittig auf einer Teilfläche unter Anregung von 0–3000 Hz. Über charakteristische Ausschläge in den Kurvenverläufen lässt sich die Teilflächensteifigkeit ermitteln.

Für das Bodenmodul wurden sämtliche Teilflächensteifigkeiten ermittelt, wobei einige Teilflächen im Bereich der Lüftungskanäle Eigenfrequenzen von ca. 800 Hz aufwiesen.

In mehreren Durchläufen wurde das bestehende Bodenmodulkonzept angepasst und schließlich eine Lösung gefunden, in der alle Teilflächeneigenfrequenzen über 1200 Hz lagen (Abb. 6.24).

Zu den Änderungen gehört eine Vergrößerung der Lüftungskanalwandstärke, die durch einen zusätzlichen Masseeinsatz von ca. 1 kg deutlich versteift wurden. Die Teilflächensteifigkeiten verbesserten sich durch diese Maßnahme um ca. 200 Hz (Abb. 6.25).

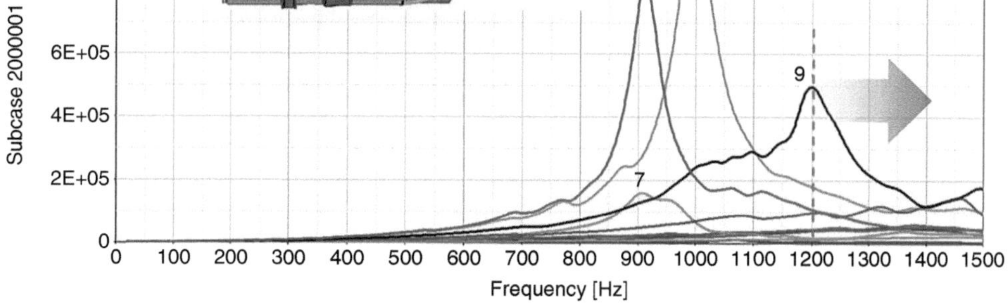

Abb. 6.23 Erstbewertung des CFK-Bodenmoduls hinsichtlich NVH-Eigenschaften

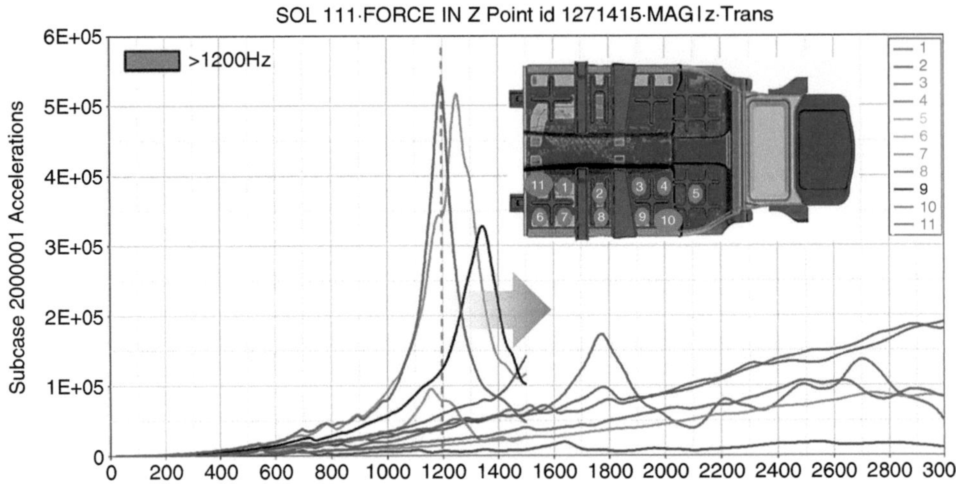

Abb. 6.24 Zweite Bewertung des CFK-Bodenmoduls hinsichtlich NVH-Eigenschaften

Da das Schalldämmmaß eine relevante Größe für das Bodenmodul darstellt, wurden neben der Erhöhung der Teilflächensteifigkeiten auch verschiedene Aufbaukonzepte hinsichtlich Ihrer Dämmung experimentell untersucht. Hierzu gehören Aufbauten von hohlen Strukturen, wie z. B. Lüftungskanälen, und teilweise gefüllten Hohlstrukturen, wie z. B. Kabelführungskanälen. Zusätzlich wurde der Einfluss von geometrischen Anpassungen durch Sicken getestet. Die Prüfungen wurden an einer Iso-Kell Versuchsanlage durchgeführt.

Abb. 6.26 kann entnommen werden, dass die Kabelkanäle luftdicht umgesetzt und mit Akustikvlies gefüllt werden sollten.

Ein merklich positiver Effekt von Sicken konnte nicht nachgewiesen werden (siehe Abb. 6.27)

6.5.3 Auslegung für den Crashlastfall

Die ersten Berechnungsschleifen zeigten über alle Lastfälle ein massives Versagen der Strukturen, geprägt durch das Versagen der Sitzquerträger, Einknicken des Bodens, Ausreißen der Sitzanbindungen, Aufreißen des Tunnels und Versagen der Tunnelbrücken (siehe Abb. 6.28). Die Forderung einer verbleibenden Strukturintegrität konnte hierbei nicht gewährleistet werden.

Auf Basis der Berechnungsergebnisse wurden im Projekt LeiFu konstruktive Maßnahmen definiert. Am Beispiel des Pfahlaufpralls ist in Abbildung Abb. 6.29 das im Projekt optimierte Crashverhalten dargestellt. Die Intrusion des Pfahls konnte hierbei um 141 mm reduziert werden.

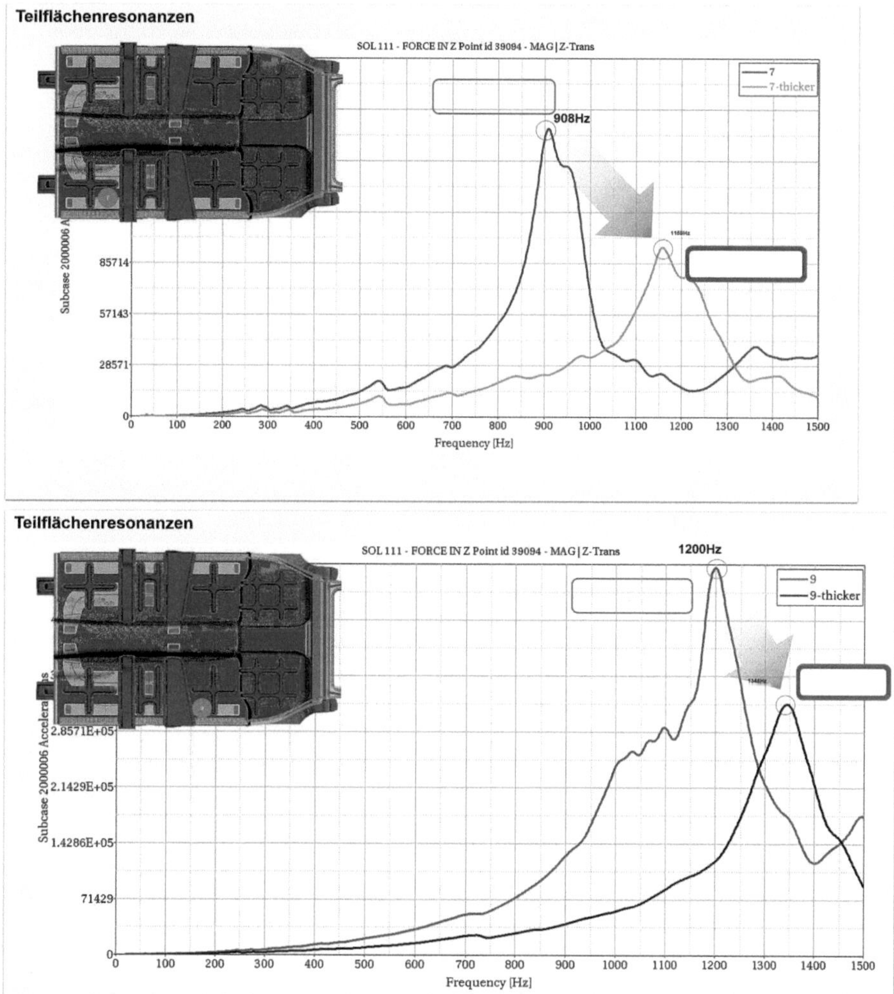

Abb. 6.25 Optimierung der Teilflächensteifigkeiten

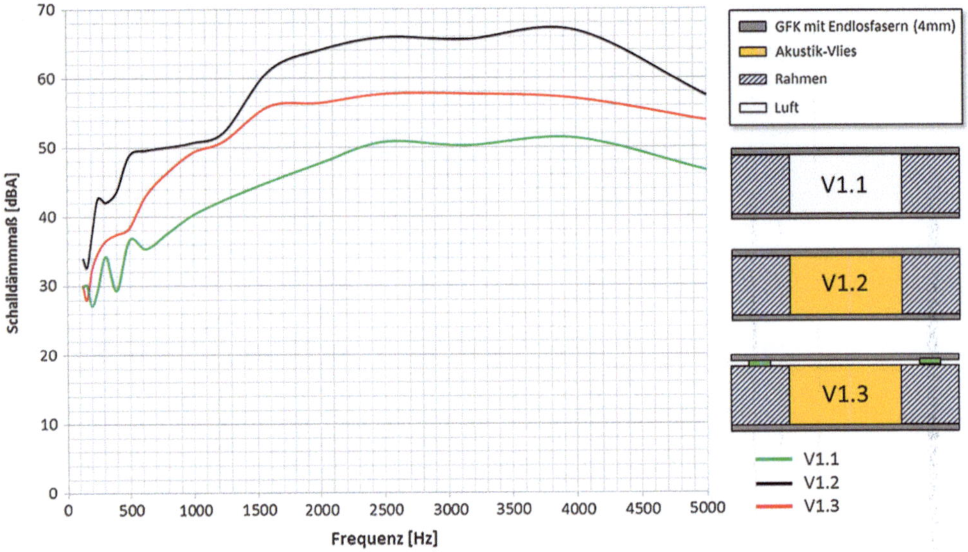

Abb. 6.26 Schalldämmmaß verschiedener Lüftungs- und Kabelkanalkonzepten

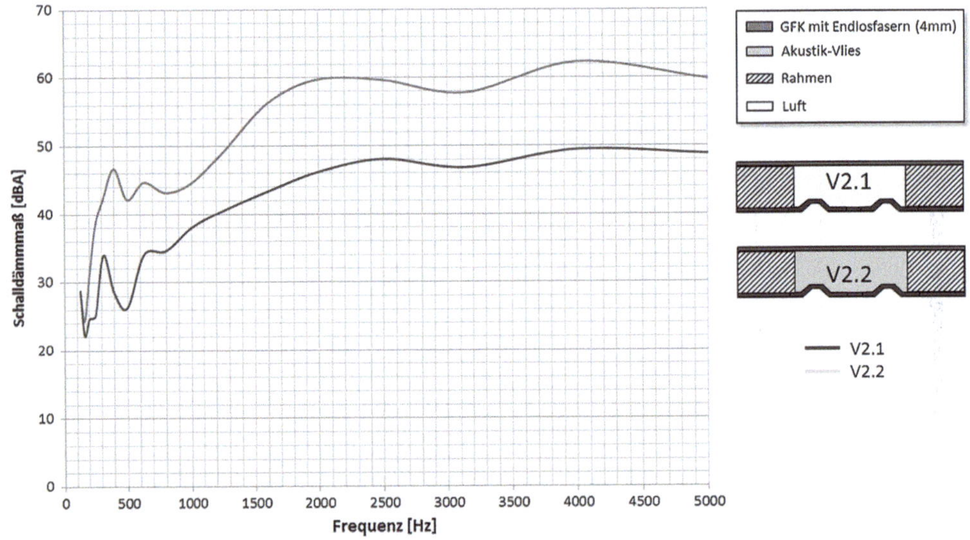

Abb. 6.27 Schalldämmmaß von Konzepten mit Sicken

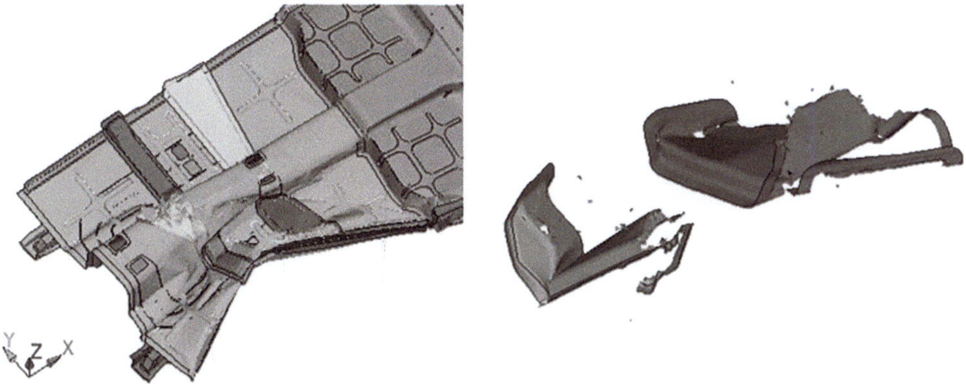

Abb. 6.28 Erste Bewertung des Versagensverhaltens des CFK-Bodenmoduls

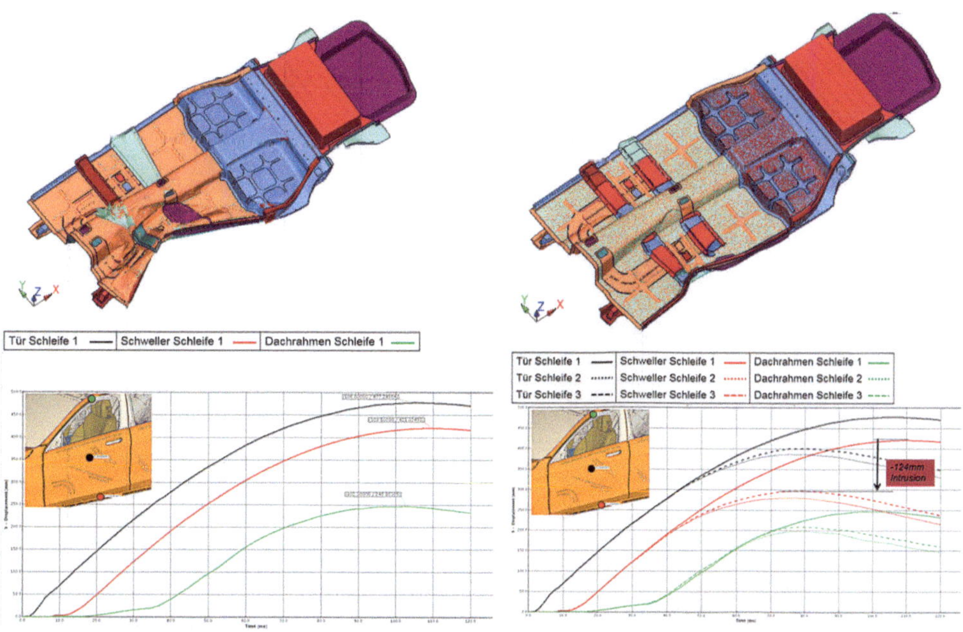

Abb. 6.29 Pfahlaufprall

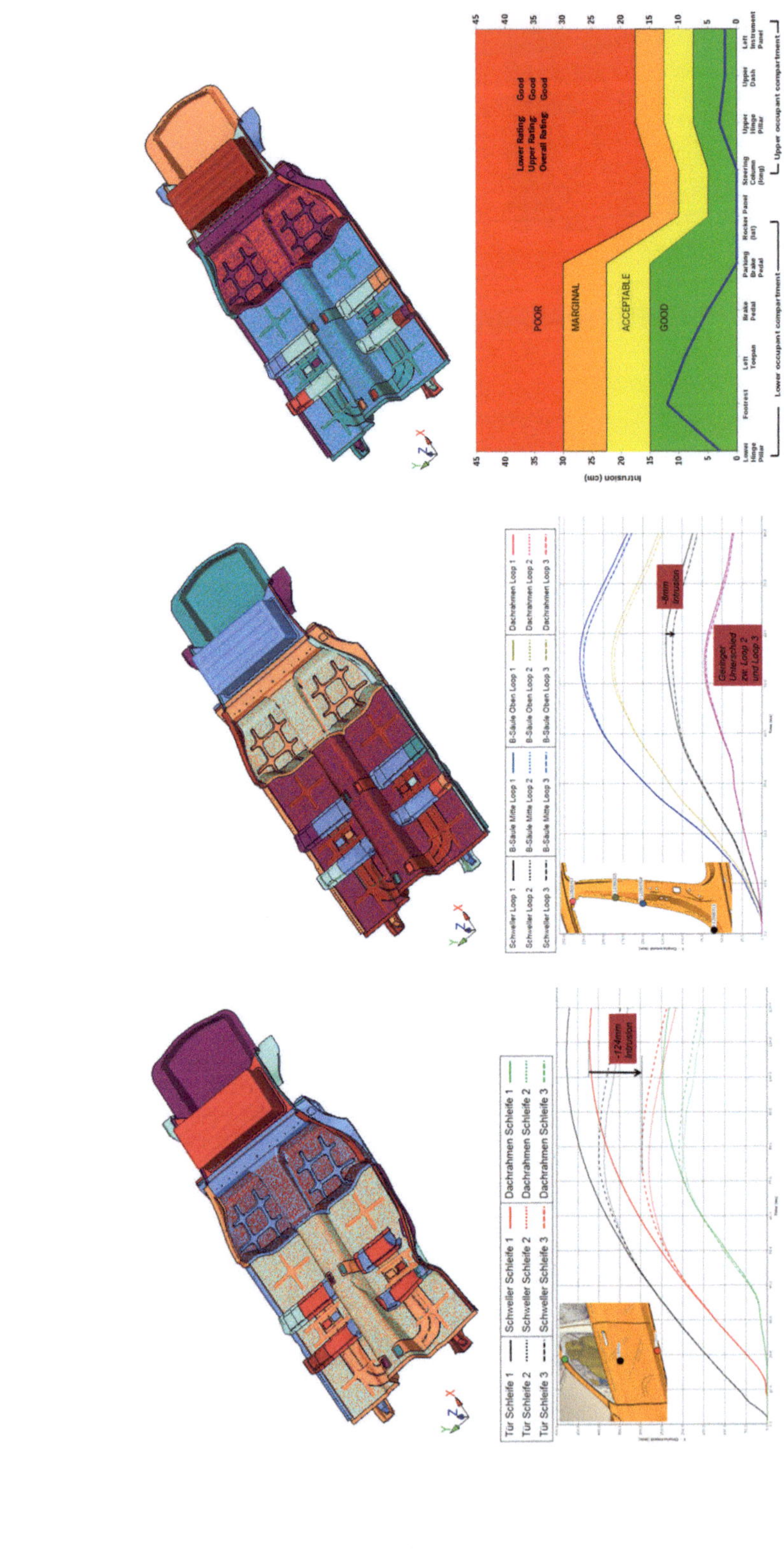

Abb. 6.30 Simulation des Pfahlaufpralls, Barriere bei 25 % Front-Überlappung

Über weitere konstruktive Maßnahmen konnten in drei Gesamtfahrzeugberechnungsschleifen das Crashverhalten so angepasst werden, dass die geforderten Grenzwerte eingehalten wurden (Abb. 6.30).

Literatur

1. S. Heimbs, S. Heller, P. Middendorf, Simulation of Low Velocity Impact on Composite Plates with Compressive Preload, 7. LS-DYNA Anwenderforum, Bamberg 2008

Die CAM-Schnittstelle 7

Jörg Dittmann, Patrick Böhler, Joachim Greiner
und Peter Middendorf

Wie bereits in der Einleitung des Buches beschrieben, verbindet die im Digitalen Prototyp integrierte CAM-Schnittstelle die Simulationen mit der realen Fertigung. Die Motivation für die Umsetzung einer CAM-Schnittstelle liegt neben der Reduzierung manueller Fertigungstätigkeiten vor allem auch in der Generierung gleicher Ausgangszustände für Simulation und Fertigung. Gerade bei sensitiven Fertigungsprozessen, wie dem Umflechtvorgang, können kleine Unterschiede in den Eingabeparametern (z. B. Flechtgeschwindigkeit, Vorschubwinkel, Rotationsgeschwindigkeit etc.) zu großen Veränderungen in der Abspannung des Textils bzw. zu unterschiedlichen Faserwinkelorientierungen im produzierten Bauteil führen. Dies hat direkten Einfluss auf die Qualität des Bauteils und die prognostizierten/realen Materialkennwerte.

Beim ORW-Prozess dient die CAM-Schnittstelle vor allem der Erstellung des digitalen Materialmodells, da dieses mitunter, aufgrund der vielen Webfäden und Parametereinstellungen, sehr aufwendig und zeitintensiv ist. Im Digitalen Prototyp wurde diese Schnittstelle in beide Richtungen umgesetzt, sodass auch aus einem digitalen Modell die Einstellungen für die ORW-Webmaschine exportiert werden können.

J. Dittmann (✉) · P. Middendorf
Institut für Flugzeugbau, Universität Stuttgart, Stuttgart, Deutschland
E-Mail: dittmann@ifb.uni-stuttgart.de; middendorf@ifb.uni-stuttgart.de

P. Böhler · J. Greiner
Institut für Flugzeugbau, Universität Stuttgart, Stuttgart, Deutschland
E-Mail: boehler@ifb.uni-stuttgart.de; greiner@ifb.uni-stuttgart.de

J. Dittmann, P. Middendorf (Hrsg.), *Der digitale Prototyp*, ARENA2036,
https://doi.org/10.1007/978-3-662-58957-1_7

7.1 CAM-Flecht-Schnittstelle

Jörg Dittmann, Patrick Böhler, Joachim Greiner und Peter Middendorf

Das Ziel der CAM-Schnittstelle ist die Befähigung zur Programmierung von Steuerprogrammen zur Erzeugung von qualitativ optimalen Bauteilen. Hierfür wurde am IFB ein inhouse Code zur Überführung von Flechtsimulationspfaden hin zu Roboterbewegungspfaden programmiert und am generischen Bauteil getestet. Sowohl in der Simulation als auch in der Realität wird die Bewegung des Flechtkerns über einen definierten Punkt, den TCP (Tool Center Point) eingestellt. In Abb. 7.1 ist der Bewegungsablauf des Flechtkerns für das generische Bauteil schematisch dargestellt. Er setzt sich dabei aus Translations- und Rotationsbewegungen zusammen.

Eine zusätzliche Kopplung von Simulation und User-Feedback wurde angestrebt, um die Integration von Auslegung, Fertigung und Optimierung zu verstärken und für den Konstrukteur verfügbar zu machen.

Für die Bewertung von Bauteilen und deren Herstellbarkeit sind unterschiedliche Kriterien relevant. So muss die Herstellbarkeit im Preform-Prozess ebenso bewertet werden, wie auch alle weiteren Herstellungsschritte (z. B. Infiltration). Um das gewährleisten zu können wurde eine Methode entwickelt, die eine schnelle Vorhersage bereits in der Konstruktion ermöglicht und aufzeigt, wie Geometrien angepasst werden müssen.

Für den Flechtprozess spielen dabei Größen wie der Faserwinkel, der Bedeckungsgrad und das Ablageverhalten eine große Rolle. Für die Bewertung dieser Kriterien in einem sehr frühen Stadium, basierend nur auf den CAD-Informationen, wurde ein Skript programmiert mit dem es möglich ist, durch eine analytische Betrachtung der Geometrie, die Faserwinkelverteilung und Ablagebreite in einem ersten Schritt vorherzusagen. Auch der Einfluss des Flechtpfades wird hierbei berücksichtigt. Diese sehr schnelle Methode gibt

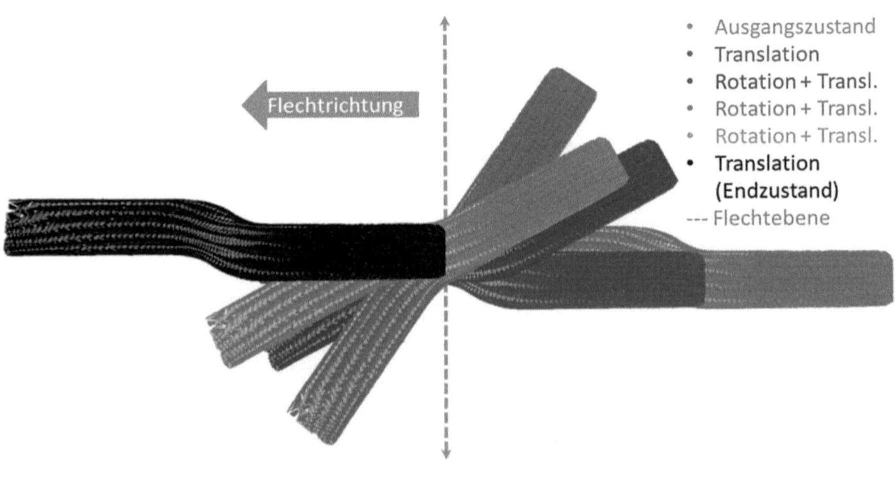

Abb. 7.1 Schematische Bewegung des generischen Bauteils durch die Flechtebene

dem Konstrukteur und dem Prozessingenieur einen ersten Einblick in die Fertigbarkeit der Preform. Neben der analytischen Bestimmung der Geflechtarchitektur kann auch auf ein experimentell bestimmtes Prozessfenster zurückgegriffen werden. Der Vorteil des Prozessfensters liegt darin, dass ein möglicher Fehler, der durch die Einfachheit des schnellen analytischen Ansatzes entsteht, vermieden wird. Durch den Abgleich mit den hinterlegten Daten kann sicher auf die Herstellbarkeit zurückgeschlossen werden. Eine Limitierung dieses Ansatzes liegt jedoch in der Abhängigkeit von bereits hergestellten Proben. Aus diesem Grund werden beide Ansätze verfolgt.

Ein vergleichbares Skript wurde auch für die numerische Bestimmung der Permeabilität entwickelt. Mit diesem ist es möglich, eine erste Abschätzung der Infiltrierbarkeit vorherzusagen und mögliche Fehlstellen schon vor der eigentlichen Herstellung zu detektieren.

Mit diesen beiden Informationen kann anschließend eine manuelle Bewertung des Bauteils erfolgen. Um dies zu vereinfachen wurde eine Integration in die CAM-/CAD-Softwareumgebung FlexiCAM® vorgenommen. Hier ist eine optische Darstellung von kritischen Bereichen je nach ausgewähltem Kriterium möglich und bietet so eine gute Basis für eine schnelle Bewertung durch den Konstrukteur.

Neben der reinen Berechnung des Roboterpfades ist das Programm in der Lage, den Mittelpfad direkt aus den Geometriedaten zu generieren und automatisiert Schnittebenen durch die Geometrie zu legen, anhand derer die Kerngeschwindigkeiten lokal festgelegt werden können. Somit kann der jeweils gewünschte Flechtwinkel auch nachträglich, durch Anpassung der lokalen Parameter, verändert werden. Die Umsetzung der automatischen Generierung der Schnittebenen aus Roboterpfad und Kerngeometrie erwies sich als durchaus langwierig und schwierig, konnte aber erfolgreich umgesetzt werden. Für die Validierung der Tauglichkeit des entwickelten Algorithmus wurde ein Vergleich des automatisiert (auf Basis der Flechtkerngeometrie) erstellten Roboterpfades durchgeführt. Es zeigt sich, dass die Bewegung des Roboters und damit des Flechtkerns mit der Vorhersage übereinstimmen (vgl. Abb. 7.2).

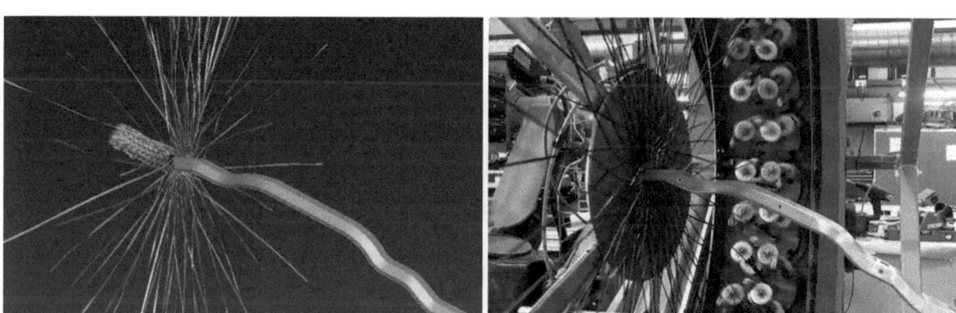

Abb. 7.2 Validierung des automatisiert erstellten Roboterpfades: Vergleich zwischen Simulation und Realität

In einem zweiten Schritt konnte mit diesen Informationen eine Kopplung an einen vorhandenen Optimierungsalgorithmus angestrebt werden, der eine Anpassung der Prozessrandbedingungen oder der Geometriedaten iterativ vornehmen und somit das Ergebnis des Herstellungsprozesses optimieren kann. Im Rahmen dieses Projekts wurde der Grundstein hierfür gelegt und eine semi-automatisierte Optimierung nach einem Zielkriterium umgesetzt.

Unterschiedliche Flechtringe werden zur Manipulation des Geflechts verwendet. Sie verändern die Ablage der einzelnen Faserbündel und können so unterschiedliche Geflechtarchitekturen erzeugen. Die Einbindung eines virtuellen Pendants ermöglicht dem Benutzer zwar keine virtuelle Erzeugung des neuen Geflechttyps aber dennoch eine schnelle Überprüfung der Flechtrandbedingungen („passt die Roboterbewegung und -Geschwindigkeit zum jeweiligen Flechtring?").

Eine schnelle Modifikation der Flechtrandbedingungen in der CAD-Umgebung FlexiCAM® wurde umgesetzt. Dies ermöglicht dem Benutzer eine nachträgliche Veränderung von Flechtkerngeschwindigkeit und Flechtkernorientierung durch eine grafische Benutzeroberfläche. Eine nachträgliche einfache manuelle Optimierung ist hiermit gewährleistet (vgl. Abb. 7.3 und 7.4).

Durch elektronische Flechtklöppel wurde eine Methode zur Optimierung von Geflechten erweitert [1]. Damit sollen zusätzliche Parameter zur Beeinflussung des Geflechts zur Verfügung stehen. Bisher war es möglich u. a. Robotergeschwindigkeit, Flechtgeschwindigkeit, Flechtkernorientierung, Flechtmaschinenbelegung sowie die Flechtkerngeometrie zu verändern. Durch eine im Umflechtprozess veränderliche Fadenkraft sowie Materialvorschub/-rückzug können nicht-flechtbare Bauteilgeometrien unter Umständen flechtbar gemacht werden. Hierbei wurde zusätzlich ein neues DMS-gesteuertes Konzept zur Fadenkraftbestimmung entwickelt und umgesetzt. Ein erster Prototyp des neuen Klöppels mit neuer Sensorik wurde gefertigt, validiert und in einem realen Flechtversuch getestet (vgl. Abb. 7.5). Weitere Tests werden, über die Projektlaufzeit von DigitPro hinaus, anstehen und für neuartige Bauteile, Projekte und Anwendungen sorgen.

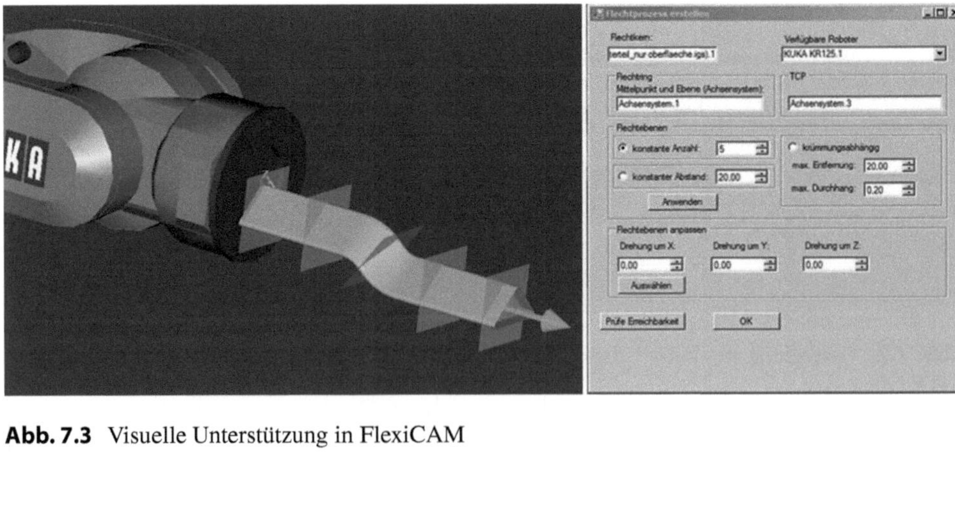

Abb. 7.3 Visuelle Unterstützung in FlexiCAM

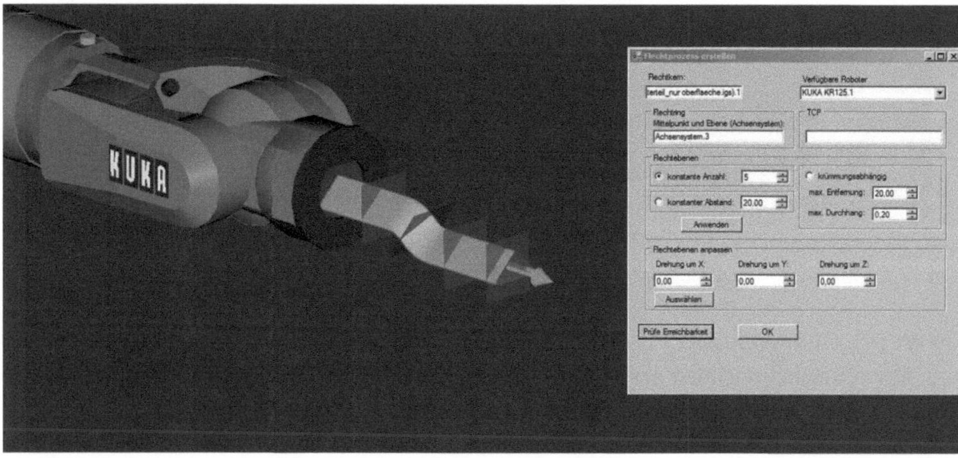

Abb. 7.4 Flechtkernmanipulation durch Funktionen im GUI (graphical user interface)

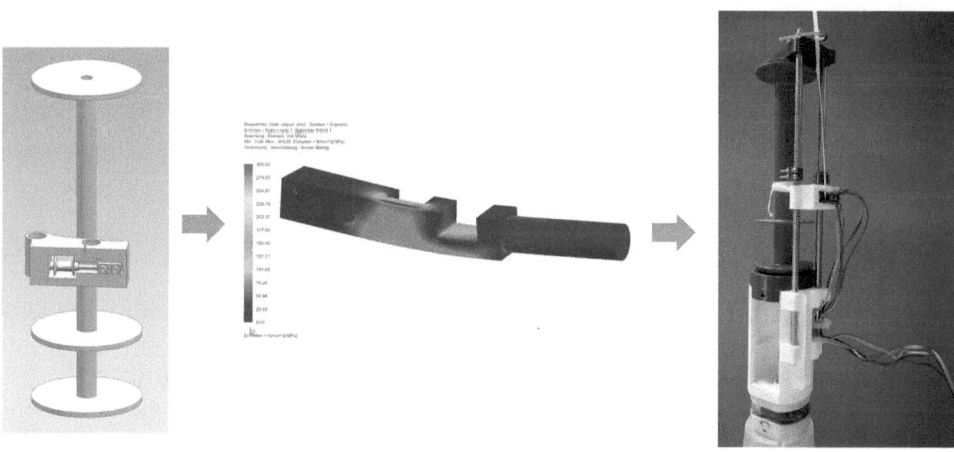

Abb. 7.5 Überarbeitetes Konzept des elektronischen Klöppels

7.2 Infiltration

Jörg Dittmann und Peter Middendorf

Hinsichtlich der Infiltration der Strukturbauteile ist keine direkte CAM-Schnittstelle, im wörtlichen Sinn, umgesetzt worden. Hierfür wären geschaltete Angusskonzepte und Infiltrationswerkzeuge nötig gewesen. Dies stand allerdings im Digitalen Prototyp nicht im Fokus.

Dennoch wurde eine Methode entwickelt um dem Konstrukteur in der CAD-/CAM-Entwicklungsumgebung ein Werkzeug an die Hand zu geben, mit welchem er schnell die Infiltrierbarkeit von Bauteilen abschätzen kann. Als Basis hierfür wurden Arbeiten von

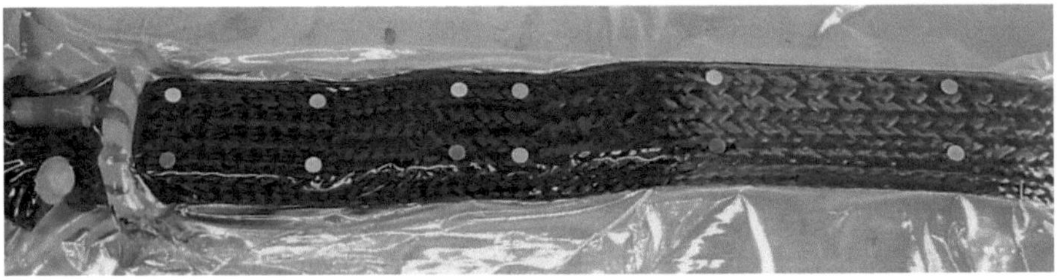

Abb. 7.6 Infiltration des Zielbauteils im VARI-Prozess (vacuum assisted resin infusion)

Gebart [4], Gutowski et al. [2] und Long [3] verwendet, welche die Permeabilität anhand von geometrischen Größen des Faserhalbzeuges bestimmen. Im ersten Schritt wurde ein Matlab-Programm entwickelt, welches die verschiedenen Ansätze bündelte. Eine Kopplung dieses Matlab-Programms mit der analytischen Vorhersage der Faserwinkelablage in FlexiCAM®, führte dazu, dass eine Prognose hinsichtlich der Infiltrierbarkeit durch Eingabe der Kavitätsdicken abgegeben werden konnte. Diese Prognose dient dem Konstrukteur als erstes Indiz und muss mit weiteren Simulationen und experimentellen Tests überprüft werden.

In einem ersten Abgleich wurde die Permeabilität in einer VARI-Infiltration (vgl. Abb. 7.6) des Zielbauteils bestimmt und mit der Vorhersage nach Gebart [4] verglichen. Mit einer Abweichung der Fließfrontgeschwindigkeit von 4,24 % kann die Prognose als durchaus zutreffend angesehen werden.

Literatur

1. T. v. Reden, S. Becker, K. Drechsler. „Design and Energy Transmission for an Electronic Controlled Lace Bobbin." SETEC10, SAMPE EUROPE Technical Conference, Italy, 2010
2. T. G. Gutowski, Z. Cai, S. Bauer, D. Boucher, J. Kingery, S. Wineman. „Consolidation Experiments for Laminate Composites". Journal of Composite Materials, Vol. 21, Massachusetts, 1987
3. A. C. Long. „Process modeling for liquid moulding of braided performs". Composites Part A: Applied Science and Manufacturing, Nottingham, 2001
4. B. R. Gebart. „Permeability of unidirectional reinforcements for RTM." Journal of Composite Materials, Vol. 26, No. 8, p. 1100–1133, 1992.

Ein Container zum Simulationsdatenaustausch – der Digitale Prototyp

8

Christian Liebold und André Haufe

Im Folgenden soll der im Rahmen vom Digitalen Prototyp entwickelte Datenaustauschcontainer vorgestellt und erläutert werden. Die Entwicklung wird im Rahmen des Anschlussprojektes Digitaler Fingerabdruck fortgeführt, so dass die hier vorgestellte Lösung noch nicht als vollständig betrachtet werden kann.

Im folgenden Abschn. 8.1 wird erläutert, auf welcher Grundlage die Entscheidung auf die Entwicklung eines HDF5 basierten Datenaustauschcontainers fiel. In Abschn. 8.2 wird das entwickelte Austauschdatenformat, so wie es realisiert wurde beschrieben. Dabei wird auf die Einzelschritte „Erzeugung des Datencontainers" (Abschn. 8.2.1), „Einlesen von Daten" (Abschn. 8.2.2) und „Auslesen von Daten" (Abschn. 8.2.3) detaillierter eingegangen. Zum Schluss wird der vollständige Datencontainer beschrieben (Abschn. 8.2.4).

8.1 Kriterien zur Auswahl eines geeigneten Datencontainers und Entscheidungsfindung

Im Folgenden soll auf die Überlegungen eingegangen werden, die bei der Auswahl eines geeigneten Datencontainers eine Rolle gespielt haben und aufgrund derer letztendlich die Entscheidung auf die HDF5 © Bibliothek gefallen ist.

Das wichtigste Kriterium ist, dass es sich um ein unabhängiges Datenformat handelt. Im Rahmen des Projektes DigitPro wurden verschiedene Softwarelösungen verwendet, und daher war es wichtig, sich von vordefinierten Formaten zu lösen. Hilfreich ist sicherlich, dass sowohl die ESI-Group mit ihren Softwarelösungen Pam-Crash® als auch Pam-RTM®, die

C. Liebold (✉) · A. Haufe
DYNAmore GmbH, Stuttgart, Deutschland
E-Mail: christian.liebold@dynamore.de; andre.haufe@dynamore.de

J. Dittmann, P. Middendorf (Hrsg.), *Der digitale Prototyp*, ARENA2036,
https://doi.org/10.1007/978-3-662-58957-1_8

hier zum Einsatz kamen, mit dem ERFH5-Datenformat ein offen zugängliches und leicht lesbares Format anbieten, so dass eine Konvertierung in andere Formate möglich ist. Gleiches gilt für LS-DYNA®, das mit den ascii-basierten dynain-Dateien eine leicht lesbare Schnittstelle für Ergebnisdaten bietet und somit ein Mapping beziehungsweise eine weitere Interpretation und die Verwendung in fortführenden Simulationen erlaubt. Sowohl LSTC als auch die ESI-Group bieten offene Datencontainer an, die direkt genutzt werden können. Die ESI-Group verwendet hierfür die offene HDF5 © Bibliothek und leitet sich entsprechend das native ERFH5-Format ab. Bei LSTC gibt es das eigene LSDA-Format, welches für die Speicherung von Simulationsdaten und die Generierung von Input-Decks verwendet werden kann. Beide Formate bieten sich an, da die Daten binär abgelegt werden, was bei der im Rahmen der Simulationsprozesskette anfallenden Datenmenge sinnvoll ist. Diese wurde für mehrere der im Rahmen des Projekts diskutierten Prozesssimulationen vorab abgeschätzt und ist exemplarisch in Abb. 8.1 dargestellt.

Für die Evaluierung der zu erwartenden Dateigrößen, die im Rahmen einer Simulation und Zwischenspeicherung der Ergebnisdaten entlang der kompletten Bauteilsimulationsprozesskette auftreten, wurden von verschiedenen Partnern die zu erwartenden Dateigrößen definiert und ausgehend von einem Demonstratorbauteil für eine gesamte Fahrzeugunterbodengruppe abgeschätzt. In der Regel lagen die zu erwartenden Dateigrößen bei mehreren Optimierungs- und Iterationsschleifen im Gigabyte-Bereich (GB), was eine Speicherung in einem binären Format erfordert. Aus diesem Grund können ascii-basierte Dateiformate wie zum Beispiel csv, xml, oder txt ausgeschlossen werden.

Bauteil	Inhalt hdf5	Modellgröße
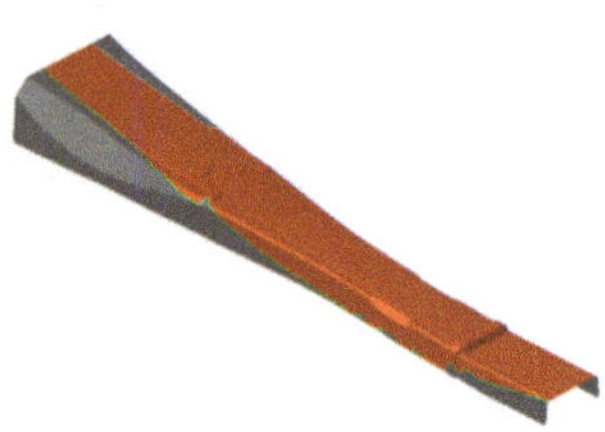 Lagenanzahl 10 → Dicke = 2 mm	• Netz • Füllzeiten • Druckfeld Kavität • Fließfrontgeschwindigkeit • Füllfaktor • Viskosität • Schließkraft • Mikro-Makro-Voids • Void-Gehalt • Dicke • Kapillarzahl • Evtl. Faserorientierung nach Infusion	• Elementanzahl: 125865 • Modellgröße hdf5: 300 MB – Nur Endstate
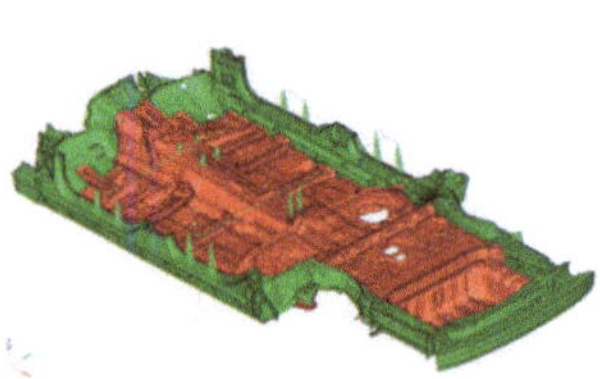 Lagenanzahl 20 → Dicke = 4mm	• Netz • Füllzeiten • Druckfeld Kavität • Fließfrontgeschwindigkeit • Füllfaktor • Viskosität • Schließkraft • Mikro-Makro-Voids • Void-Gehalt • Dicke • Kapillarzahl • Evtl. Faserorientierung nach Infusion	• Elementanzahl: 130000 • Modellgröße hdf5: 300 MB • Abschätzung

Abb. 8.1 Darstellung der Abschätzung der Dateigrößen am Beispiel der Infiltrationssimulation für ein Demonstratorbauteil und einen Fahrzeugunterboden

Ein weiteres Kriterium war eine hohe Flexibilität des Datencontainers, damit die gesammelten Daten einheitlich und wie von den Projektpartnern gewünscht abgelegt werden können. Außerdem sollten die Dateien leicht les- und gegebenenfalls auch editierbar sein. Letzteres ist für das LSTC eigene Format LSDA zwar noch gegeben, jedoch bietet das HDF5-Format gemeinsam mit dem von der HDF-Group entwickelten HDF-Viewer, einer Java-Applikation, die Möglichkeit, die binären Daten ähnlich einer Ordnerstruktur am herkömmlichen PC zu sichten und einfache Änderungen auch manuell vorzunehmen.

Somit fiel die Wahl auf das binäre, nicht proprietäre HDF5-Format, wobei die Datenablage unabhängig der vordefinierten Lösung der ESI-Group erfolgen sollte. Dies war anfänglich auch erfolgreich. So wurden mit dem sogenannten *COMPOUND*-Datentyp eigene Ablagestrukturen für die Ergebnisspeicherung von Knoten, Elementen, Faserorientierungen und Dicken definiert. Aufgrund der zunehmenden Zahl an Variablen, die im Laufe des Projektes auftauchten, wurde sich im weiteren Projektverlauf auf das Ein- und Auslesen von ascii-Dateien beschränkt, da nicht alle in der Simulation anfallenden Größen Relevanz für die weiteren Prozessschritte hatten. Sofern nötig, ist das Softwareprogramm envyo® aber weiterhin in der Lage, diese für die weiterführenden Prozessschritte entsprechend zu interpretieren und zu übertragen.

8.2 Realisierung eines Austauschdatenformates im Digitalen Prototyp

Dieser Abschnitt stellt die Realisierung des HDF5-Datenaustauchformates innerhalb des Projektes DigitPro vor und beschreibt die Schritte die notwendig sind, um ein entsprechendes Projekt aufzusetzen. Die hier vorgestellten Entwicklungen werden im Rahmen des Folgeprojektes Digitaler Fingerabdruck zur Erweiterung der Schnittstellen, zum Beispiel auf in-situ Lebensdauerinformationen, Versuchsdaten und Ähnliches, fortgeführt. Die hier dargestellte Lösung orientiert sich an der in Abb. 5.1 gezeigten Prozesskette, sodass dieser Abschnitt eine Art Zusammenfassung der im Projekt bearbeiteten Simulationsschritte ist. Die vorgestellten Initialisierungs- und Datenablageschritte sind im bereits genannten Mappingprogramm envyo® realisiert.

8.2.1 Initialisierung des HDF5-Datencontainers

In einem ersten Schritt muss der Anwender das Projekt anlegen beziehungsweise den HDF5-Datencontainer initialisieren. Der Hauptbefehl hierfür lautet *ENVYO=HDF5-DEFINITION*. In einem *HDF5-Structure*-File verweist der Anwender auf eine Textdatei, in der die Ordnerstruktur hinterlegt ist. Dies erfolgt sinnvollerweise mit Bezug auf die zu erwartenden Prozessschritte. Des Weiteren definiert der Nutzer mit dem *HDF5-File_Target* den Namen des so erzeugten HDF5-Datencontainers. Die in kursiv gedruckten Befehle können direkt in der envyo®-Kommandodatei verwendet werden.

Abb. 8.2 Darstellung einer Textdatei, die die Ordnerstruktur des HDF5-Datencontainers definiert

```
020_OPTIMIZATION
030_PROCESS_SIMULATION
    001_BRAIDING
    002_INFILTRATION
040_MAPPING
    001_Map2Structural
    002_Map2RTM
050_STRUCTURAL
080_MATERIAL_DATABASE
090_CAD
```

Die Vorgabe der Unterordnerstruktur erfolgt in der Textdatei durch entsprechende Einrückungen. Eine entsprechende Textdatei kann wie in Abb. 8.2 dargestellt aussehen. Die Hauptordner stehen links, Unterordner sind entsprechend eingerückt. Somit wird in einem ersten Schritt eine HDF5-Datei erzeugt, welche die vorgegebene Ordnerstruktur enthält. Diese kann im Laufe des Projektes geändert und angepasst werden, was nötig ist, wenn zum Beispiel neue Prozesse oder Versuche berücksichtigt werden sollen. Zur Änderung muss die mapping_info.in-Datei mit dem *ENVYO=HDF5-DEFINITION* Befehl erneut ausgeführt werden, wobei nun eine geänderte *HDF5-Structure*-Datei zugrunde liegt. Als Basisordner ist *000_PROCESS_STATUS* reserviert. Hier werden in zwei Datenblättern zuerst die Ordnerstruktur abgelegt (*file_structure*) und in einem *status-overview-Datenblatt* die einzelnen Schritte entlang der Prozesskette dokumentiert, beziehungsweise die Änderungen an den Simulationen und Ordnerstrukturen verfolgt. Dabei beginnen die Kommentare immer mit einem Datum und der Uhrzeit gefolgt von der Bezeichnung der Ordner und Unterordner, in denen Änderungen erfolgt sind.

8.2.2 Einfügen von Daten in den HDF5-Datencontainer

In diesem Abschnitt soll exemplarisch erläutert werden, wie Daten in den erstellten HDF5-Datencontainer eingefügt werden können und nach welchen Verfahren sie abgelegt werden. Der Hauptbefehl ändert sich zu *ENVYO=HDF5-Input*. Als Zielordner wurden hier die Ergebnisse eines Mapping-Problems ausgewählt. Der Anwender muss für das Mapping die Quell-, Ziel- und Ergebnisdatei angeben. Wenn es sich um ein Mapping auf ein Strukturnetz handelt, so sollte der Nutzer die Dateien auch in dem entsprechenden Unterordner ablegen. Dies funktioniert über den Befehl *DevelopmentStage=040_MAPPING/001_Map2Structural*. Damit wird die in Abb. 8.2 dargestellte Ordnerstruktur berücksichtigt. Über *HDF5-File_Target* gibt der Nutzer den Namen und die Position der HDF5-Zieldatei an. Des Weiteren sollten die Dateiformate der einzelnen Dateien angegeben werden, damit diese gelesen und interpretiert werden können. In diesem Beispiel sind alle Dateiformate im LS-DYNA® ascii-Format abgelegt. Die Ablage im HDF5-Container erfolgt dann in entsprechenden Unterordnern von *040_MAPPING/001_Map2Structural*. Eine erste Vorsortierung erfolgt nach den Dateiformaten, die gemappt wurden. Daher heißt der folgende Unterordner *lsdyna_lsdyna*, da das Mapping zwischen zwei LS-DYNA®-Netzen erfolgt ist. Weitere Mappingschritte, die auf denselben Formatstrukturen erfolgen, werden ebenfalls in diesem Unterordner abgelegt. Diese werden aber durch einen eindeutigen Datums- und Zeitstempel voneinander getrennt. Die Ablage der Ergebnisse erfolgt in folgender Kodierung: *JJJJMMTT_HHMMSS,* wobei *J* für Jahr steht, *M* für Monat beziehungsweise Minuten, *T* für Tag und *S* für Sekunden.

Abb. 8.3 stellt eine entsprechende Ordnerstruktur dar. Die Quell- und Zieldateien werden in entsprechenden Unterordnern *000_SOURCE* beziehungsweise *001_TARGET* abgelegt. Das Mappingergebnis wird im Ordner *010_RESULT* gespeichert. Die obere Zeile im Datenblatt zeigt das eigens definierte *COMPOUND*–Datenformat, in dem Ganzzahlen sowie Fließkommazahlen abgelegt werden können. Ganzzahlen werden für Element- und Part-IDs sowie die Knotennummerierung verwendet. Die Flechtwinkel, welche schichtweise während des Mappings übertragen wurden, sind als Fließkommazahlen gespeichert. In einem letzten Unterordner ist die Kommandodatei für das Mapping abgelegt, so dass auch später noch nachvollzogen werden kann, welche Größen in die Datei eingegeben wurden.

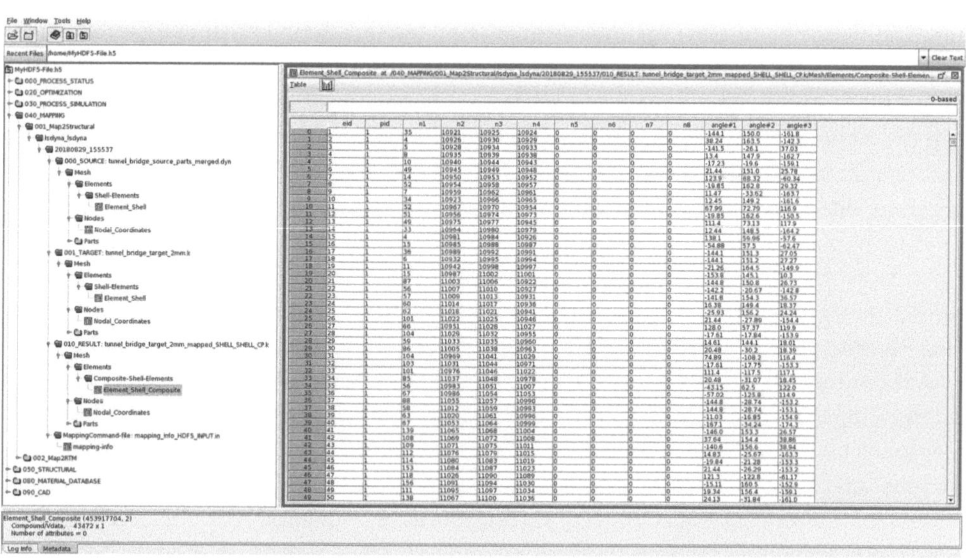

Abb. 8.3 Compound-Datenformat zur Speicherung von Mapping-Ergebnissen zwischen zwei LS-DYNA® Simulationen

8.2.3 Auslesen von Daten aus dem HDF5-Datencontainer

Genauso wichtig wie das Einlesen von Daten ist auch das Auslesen der gespeicherten Informationen aus dem HDF5-Container. Dies ist relativ einfach gestaltet und lässt sich mit dem Hauptbefehl *ENVYO=HDF5-Output* ansteuern. Mit dem Befehl *HDF5-File_Source* wird der HDF5-Datencontainer definiert, aus dem die Ergebnisse ausgelesen werden. Anschließend kann der Anwender definieren, wie viele Prozessschritte er auslesen möchte beziehungsweise mit dem Kommando *ProcessStages* direkt vorgeben, welche Positionen entlang der Prozesskette ihn interessieren. Welche Positionen hier verwendet werden können, darüber gibt das Datenblatt *status_overview* im Ordner *000_PROCESS_STATUS* Aufschluss. Alternativ kann mit dem Befehl *LAST* auch einfach der letzte Schritt ausgelesen werden. Für die einzelnen States können entweder alle (*ALL*) Dateien oder auch nur gezielt die Quell-(*SRC*), Ziel-(*TAR*) oder Ergebnisfiles (*RES*) angefordert werden.

Beim Herausschreiben werden die in der HDF5-Datei hinterlegten Dateinamen übernommen. Zur eindeutigen Identifizierung werden sie mit einem Datums- und Uhrzeitstempel versehen, der verdeutlicht, wann die Dateien aus dem HDF5-Container angefordert wurden.

8.2.4 Übersicht des vollständigen Datencontainers

In Abb. 8.4 ist ein vollständiger HDF5-Datencontainer dargestellt sowie eine entsprechende Aufschlüsselung der Schritte, die im Rahmen des Projektes unternommen wurden. Die Darstellung zeigt im Unterordner *080_MATERIAL_DATABASE* die Datenablage, wie sie für repräsentative Volumenelemente (RVE) erfolgt. Dabei wird in einem Unterordner zuerst der verwendete Finite-Elemente-Löser spezifiziert und dann der Typ des Materials, in diesem Fall ein Biaxialgeflecht mit 24k Faserbündeln und einem Faservolumenanteil von 62 %. Da es sich um ein 30° Biaxialgeflecht handelt, wird das Ergebnis im Unterordner *30°* gespeichert. Die zu speichernden Daten sind anschließend sortiert nach Belastungsrichtung und in Unterordnern nach dem Datum, an dem die entsprechenden Daten hinzugefügt wurden. Wie auch bei den Beispielen zuvor werden sowohl die Ergebnis- als auch die Originaldateien der Simulation und des Mapping-Kommandos gespeichert.

Auf der rechten Seite im Bild sieht man eine Darstellung des Projektstatus, basierend auf der Eingabereihenfolge der einzelnen Dateien. Nach dem Erzeugen der Datei scheint hier zuerst eine Optimierung basierend auf einen Nastran®-Format vorgenommen worden zu sein. Anschließend wurde eine Flechtsimulation mit PamCrash® durchgeführt und diese dann auf ein LS-DYNA®-Netz für die Struktursimulation übertragen. Außerdem wurde ein Mapping zur Infiltrationssimulation durchgeführt. Um weitere Mappingschritte durchzuführen beziehungsweise Materialkenngrößen zu identifizieren, wurde

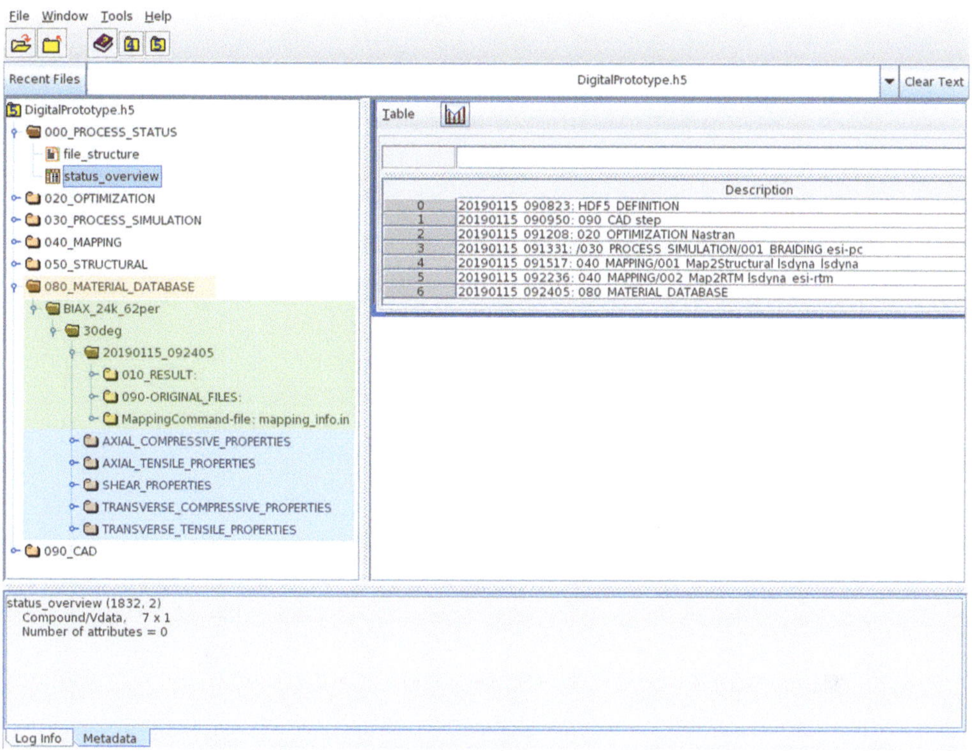

Abb. 8.4 Darstellung eines fertigen Datencontainers

mit repräsentativen Volumenelementen begonnen Materialeigenschaften zu bestimmen. Diese sind wie oben beschrieben in *080_MATERIAL_DATABASE* abgelegt und können erweitert werden. Mögliche Folgeschritte, die hier noch nicht aufgelistet sind, wären die Ergebnisse einer Struktursimulation, verschiedene Mappingansätze wie in Kap. 5 beschrieben, das Einfügen weiterer Materialkenngrößen, zum Beispiel auch für Triaxialgeflechte sowie mögliche Optimierungsschleifen für Leichtbaustrukturen.

Somit wurden im Digitalen Prototyp die Möglichkeiten zur Übertragung von Ergebnissen aus der Prozesssimulation auf die Struktursimulation mit Fokus auf Flecht- und Open-Reed-Weaving-Prozesse im Mappingprogramm envyo® erweitert und evaluiert (Kap. 5). Mappinggrößen sind die Dicke der Faserbündellagen sowie die entsprechende Orientierung. Die in diesem Kapitel vorgestellten Möglichkeiten zur Datenspeicherung und dem Datenaustausch wurden für die vorgestellten Prozesse getestet und durchgeführt.

Zusammenfassung und Ausblick in die Zukunft 9

Jörg Dittmann und Peter Middendorf

Zusammenfassend kann nach fünf Jahren Projektlaufzeit und dem erfolgreichen Abschließen der ersten Förderphase ein positives Resümee gezogen werden. Projektinhalte wurden umgesetzt, erfüllt und eine erste lauffähige Version des Digitalen Prototyp programmiert. Es konnte gezeigt werden, dass durch den Einsatz eines Digitalen Prototyp und neuer Softwareprogramme die Entwicklungszeit um mindestens 50 % und gleichzeitig das Gewicht der zu optimierenden Zielbauteile um 10 % gesenkt wurde. Durch die Programmierung eines Parser-/Mappingprogramms konnten die Ergebnisse einfacher von Simulation zu Simulation weitergegeben und verwendet werden. Die Verwendung eines zugänglichen quelloffenen Datenformats ermöglicht den einfachen Zugang zu Ergebnissen und die nachträgliche Integration von zusätzlichen Materialien, neuen Prozessschritten sowie neuen Fertigungsmethoden und ist somit auch für die zweite Förderphase (Digitaler Fingerabdruck) von zentraler Bedeutung.

Im Gesamtbild des Forschungscampus konnte sich das Projekt DigitPro als Vorreiterprojekt innerhalb der ARENA2036 herausstellen. Die Kooperation der verschiedenen Partner des Projektes lief reibungslos und Unterstützung konnte von jeder Seite aus und zu jeder Zeit eingefordert werden. Auch die Präsenz in der ARENA2036 war während der fünf Jahre überdurchschnittlich hoch, was dazu führte, dass das Gesamtbild der ARENA2036 durch das Projekt DigitPro mitgestaltet wurde. Die Zusammenarbeit unter einem Dach wird vom Projekt DigitPro und seinen Mitarbeitern als sehr fortschrittlich und förderlich bewertet. Institute erhalten Einblicke in die Arbeitswelt und Arbeitsabläufe großer Unternehmen und vice versa. Dadurch können zum Beispiel Veröffentlichungen und Projektanträge mit unterschiedlichen Partnern besser eingeschätzt und geplant werden, was zu größeren Erfolgen hinsichtlich Projektakquise und Sichtbarkeit führt.

J. Dittmann (✉) · P. Middendorf
Institut für Flugzeugbau, Universität Stuttgart, Stuttgart, Deutschland
E-Mail: dittmann@ifb.uni-stuttgart.de; middendorf@ifb.uni-stuttgart.de

J. Dittmann, P. Middendorf (Hrsg.), *Der digitale Prototyp*, ARENA2036,
https://doi.org/10.1007/978-3-662-58957-1_9

Die Langzeitförderung der Forschungscampi stellt eine grundlegende Verbesserung der Projektlandschaft dar, sofern Abbruchkriterien in die Projekte miteingeplant werden. Hierdurch haben Forschungsarbeiten mehr Zeit sich zu entwickeln, Sichtbarkeit zu erlangen und gegebenenfalls neue Projektideen zu bilden. Forschungsschwerpunkte werden über fünf und mehr Jahre verfolgt, was dazu führt, dass das erarbeitete Wissen nicht verloren geht und ein detailliertes Grundlagenverständnis bei Instituten und industriellen Partnern bestehen bleibt.

Danksagung
Die Autoren danken der Förderung des Forschungscampus ARENA 2036, Teilprojekt Digitaler Prototyp, durch das Bundesministerium für Bildung und Forschung (BMBF) unter der Leitung des Projektträgers PTKA in Karlsruhe.

Ferner danken die Autoren M.Sc. Sebastian Hügle für seine Spitzfindigkeit.

Anhang

DigitPro Veröffentlichungen

2014

- J. Dittmann, M. Elwert, P. Middendorf, Permeability determination of resistive welded carbon fabrics, FPCM12, Enschede, 2014
- J. Dittmann, P. Middendorf, DigitPro: Ganzheitlicher digitaler Prototyp im Leichtbau für Großserienproduktion, CCeV-Magazin, 2014

2015

- J. Dittmann, A. Neu, P. Middendorf, Permeabilitätsbestimmung für die optimierte Herstellung von endlosfaserverstärkten Kunststoffen, 24. Kunststoff Kolloquium, Stuttgart, 2015
- J. Dittmann, Permeabilitätsbestimmung und der Weg zu aussagekräftigen Füllsimulationen, AFBW AG Simulation, Fellbach, 2015
- J. Dittmann, P. Böhler, D. Michaelis, M. Vinot, C. Liebold, F. Fritz, H. Finckh, P. Middendorf, DigitPro – Digital Prototype Build-up Using the Example of a Braided Structure, 2. International Merge Technologies Conference, Chemnitz, 2015
- P. Middendorf, T. Sommer-Dittrich, P. Böhler, J. Dittmann, D. Michaelis, F. Heieck, S. Zuleger, Forschungscampus ARENA2036 – Leichtbau durch Funktionsintegration und Aufbau einer digitalen Prozesskette, ATZ Tagung, Stuttgart, 2015
- P. Middendorf, P. Böhler, J. Dittmann, D. Michaelis, F. Heieck, DigitPro – Holistic digital prototype for lightweight design in large-scale production, JEC Singapur, 2015
- C. Liebold, Recent developments and trends for composite modeling in LS-DYNA, AFBW AG, Fellbach, 2015
- H. Finkh, F. Fritz, Einsatz der numerischen Simulation und modernste CT-Technologie im textilen Leichtbau, Technologietag Hybrider Leichtbau, Fellbach, 2015

J. Dittmann, P. Middendorf (Hrsg.), *Der digitale Prototyp*, ARENA2036,
https://doi.org/10.1007/978-3-662-58957-1

2016

- M. Vinot, M. Holzapfel, D. Michaelis, J. Dittmann, P. Böhler, P. Middendorf, C. Liebold, Numerische Prozesskette für die Auslegung von geflochtenen Fahrzeugkomponenten – Nutzen und Herausforderungen, Symposium Hybrider Leichtbau, Wolfsburg, 2016
- J. Dittmann, D. Michaelis, P. Böhler, P. Middendorf, DigitPro – Validating The Link Between Braiding Simulation, Infiltration And Mechanical Testing, ECCM, München, 2016
- J. Dittmann, S. Hügle, P. Middendorf , Numerical 3D Permeability Prediction Using Computational Fluid Dynamics, FPCM, Kyoto, 2016
- P. Middendorf, D. Michaelis, P. Böhler, J. Dittmann, F. Heieck, Forschungscampus ARENA2036 – Aufbau einer digitalen Prozesskette, FKFS Symposium, Stuttgart, 2016
- J. Dittmann, P. Middendorf, Fachtagung „Wissenschaft und Wirtschaft nachhaltig vernetzen", Berlin, 2016
- N. Wegh, M. Wagner, D. Gaudlitz, H. Finckh, M. Klein, Numerical simulation of filling process in resin transfer molding, FPCM, Kyoto, 2016
- C. Liebold, Digitale Prozesskette, Von der Prozesssimulation zu Bauteilauslegung und Maschinensteuerung, AFBW AG Simulation, Fellbach, 2016
- S. Hartmann, A. Haufe, C. Liebold, Integrative Simulation for short and continuous fiber reinforced composites, SICOMP, Linköping, Sweden, 2016

2017

- Michaelis, D. and Middendorf, P. Tensile Testing of Biaxially Braided Carbon Composites SAMPE Conference 2017, Stuttgart, Nov 2017
- Dittmann, J. and Middendorf, P., Numerische Permeabilitätsvorhersage von textilen RTM-Preforms, CC Austria, RTM – Next Steps, Friedrichshafen, Sep 2017
- Dittmann, J., Hügle, S., Seif, P., Kauffmann L. and Middendorf, P., Permeability Prediction Using Porous Yarns in a Dual-Scale Simulation with Openfoam, ICCM21 – 21st International Conference on Composite Materials, Xi'an, China, Aug 2017
- Böhler, P., Dittmann, J., Michaelis, D., Middendorf, P. and Liebold, C., Manufacturing Simulation as Part of the Digital Prototype, 11th European LS-DYNA Conference 2017, Salzburg, Austria, May 2017
- Dittmann, J., Dollinger, F., Kaufmann L. and Middendorf, P., Numerical Permeability Prediction with OpenFOAM, 25. Stuttgarter Kunststoffkolloquium, Stuttgart, Mar 2017
- H. Finkh, F. Fritz, A. Dinkelmann, G. T. Gresser, „Textile Process Simulation as Part of Process Chain", European LS-Dyna Conference, Salzburg, 2017
- H. Finkh, F. Fritz, A. Dinkelmann, G. T. Gresser, „Textile Process Simulation for Composite Structures", International Textile Conference, Aachen, 2017
- C. Liebold, M. Vinot, „Utilizing the Digital Prototype for a Closed Simulation Process Chain and Data Management", FKFS Symposium 2017, Stuttgart

- M. Vinot, M. Holzapfel, C. Liebold, „Investigating the influence of local fiber architecture in textile composites by the help of a mapping tool“, European LS-Dyna Conference, Salzburg, 2017
- C. Liebold, A. Haufe, M. Vinot, J. Dittman, P. Böhler, H. Finckh, F. Fritz, „The Digital Prototype as Part of Envyo – Development History and Applications within the ARENA2036 Environment“, European LS-Dyna Conference, Salzburg, 2017
- C. Liebold, A. Haufe, M. Feucht, M. Vinot, P. Middendorf, „Increasing predictability of crashworthiness: A new approach to transfer constitutive properties from process to crash simulation“, Carhs CAE Grand Challenge Hanau, GER, 2017
- M. Vinot, M. Holzapfel, „Experimentelle und numerische Untersuchung von geflochtenen CFK-Rohren unter Stauchbelastung zur Abschätzung des Energieabsorptionspotenzials“, Fachkongress Composite Simulation CCBW Augsburg, 2017
- M. Vinot, „Benefits of the Mapping Tool ENVYO for Simulation of Braided Composites Information day ENVYO“, LS-Dyna Informationstag Envyo, 2017

2018

- M. Vinot, „Experimentelle und numerische Untersuchung von geflochtenen CFK-Rohren unter Stauchbelastung zur Abschätzung des Energieabsorptionspotenzials“, LS-Dyna Informationstag Envyo, 2018
- H. Finkh, „Simulation komplexer Textilaufbauten“, ,2018
- J. Dittmann, M. Vinot, P. Böhler, C. Liebold, A. Pau, F. Fritz, M. Holzapfe3, A. Dinkelmann, H. Finckh, N. Dölle, A. Haufe, P. Middendorf, „Der Digitale Prototyp“ , Leichtbau Symposium, Stuttgart, 2018
- J. Dittmann, P. Middendorf, „Experimental Validation of Numerical Dual-scale Permeability Prediction“, 14th FPCM, Lulea, Schweden, 2018
- C. Liebold. „ARENA2036 & the Digital Prototype: Introduction and Overview.“ 15. Deutsches LS-DYNA Forum, Bamberg, 2018
- H. Finckh. „Textile Process Simulation for the Digital Simulation Chain.“ 15. Deutsches LS-DYNA Forum, Bamberg, 2018
- J. Dittmann, P. Middendorf. „Infiltration Simulation and Virtual Permeability Determination for the Digital Prototype.“ 15. Deutsches LS-DYNA Forum, Bamberg, 2018
- M. Vinot, M. Holzapfel. „A Multiscale Strategy for the Simulation of Braided Composites with Envyo.“ 15. Deutsches LS-DYNA Forum, Bamberg, 2018

Liste der ARENA2036 Partner (Stand: Nov 2018)

1. Altair
2. Automotive Lighting
3. Bär
4. Balluff
5. BASF
6. Bosch
7. Constellium
8. CSI
9. Daimler AG
10. DLR
11. DITF Denkendorf
12. DSM
13. DXC
14. DYNAmore
15. EWS
16. FARO
17. FESTO
18. FKFS
19. Fraunhofer
    - IAO
    - IPA
20. Hochschule der Medien Stuttgart (HDM)
21. HP Enterprise
22. John Deere
23. KUKA
24. Nokia
25. PILZ
26. PLUGandPLAY
27. Schunk
28. Siemens
29. TRUMPF
30. Universität Stuttgart
    - Institut für Flugzeugbau (IFB)
    - Institut für Parallele und Verteilte Systeme (IPVS)
    - Institut für Kunststofftechnik (IKT)
    - Institut für Textiltechnik, Faserbasierte Werkstoffe und Textilmaschinenbau (ITFT)
    - Institut für Steuerungstechnik der Werkzeugmaschinen und Fertigungseinrichtungen (ISW)
    - Institut für Arbeitswissenschaft und Technologiemanagement (IAT)
    - Institut für Verbrennungsmotoren und Kraftfahrwesen (IVK)

- Institut für elektrische Energiewandlung (iew)
- Institut für Erziehungswissenschaft, Abteilung Berufs-, Wirtschafts- und Technikpädagogik (BWT)
- Institut für Energieübertragung und Hochspannungstechnik (IEH)
- Institut für Polymerchemie (IPOC)
- Institut für Linguistik: Anglistik (IfLA)
- Institut für Industrielle Fertigung und Fabrikbetrieb (IFF)
- Institut für Fördertechnik und Logistik (IFT)
- Institut für Strahlwerkzeuge (IFSW)

Stichwortverzeichnis

J. Dittmann, P. Middendorf (Hrsg.), *Der digitale Prototyp*, ARENA2036,
https://doi.org/10.1007/978-3-662-58957-1

MIX
Papier aus verantwortungsvollen Quellen
Paper from responsible sources
FSC® C105338

If you have any concerns about our products,
you can contact us on
ProductSafety@springernature.com

In case Publisher is established outside the EU,
the EU authorized representative is:
Springer Nature Customer Service Center GmbH
Europaplatz 3, 69115 Heidelberg, Germany

Printed by Libri Plureos GmbH
in Hamburg, Germany